# 阳光心灵加油站

写给大家的心理自助书

刘邦春 雷 彬 张恒毅 / 主编

上海社会科学院出版社

**图书在版编目(CIP)数据**

阳光心灵加油站：写给大家的心理自助书 / 刘邦春，雷彬，张恒毅主编. -- 上海：上海社会科学院出版社，2025. -- ISBN 978-7-5520-4525-3

Ⅰ.B84-49

中国国家版本馆 CIP 数据核字第 2024BN5384 号

## 阳光心灵加油站
—— 写给大家的心理自助书

| | |
|---|---|
| 主　　编： | 刘邦春　雷　彬　张恒毅 |
| 责任编辑： | 赵秋蕙 |
| 封面设计： | 杨晨安 |
| 出版发行： | 上海社会科学院出版社 |
| | 　上海顺昌路 622 号　邮编 200025 |
| | 　电话总机 021-63315947　销售热线 021-53063735 |
| | 　https://cbs.sass.org.cn　E-mail：sassp@sassp.cn |
| 照　　排： | 南京理工出版信息技术有限公司 |
| 印　　刷： | 上海颛辉印刷厂有限公司 |
| 开　　本： | 890 毫米×1240 毫米　1/32 |
| 印　　张： | 7.75 |
| 字　　数： | 200 千 |
| 版　　次： | 2025 年 1 月第 1 版　2025 年 1 月第 1 次印刷 |

ISBN 978-7-5520-4525-3/B·536　　　　　　　　定价：55.00 元

版权所有　翻印必究

## 《阳光心灵加油站》编委会

主　　编：刘邦春　雷　彬　张恒毅
副 主 编：袁汝霖　额尔德木图　王映锦
执行主编：袁汝霖　雷　彬

编　　委：黎　凡　黄志勋　辛明宇　魏家兴　党传奇
　　　　　温俊敏　陈志豪　王　菲　赵　冉

# 前 言

心理健康是当代社会中一个备受关注的话题。在这个快节奏、高压力的世界中,人们常常感到疲惫不堪、焦虑不安,渴望找到内心的宁静和平衡。学习心理学知识是帮助我们寻找内心平静的一种值得推崇的方式。它涉及探索自己的情感、情绪和思维,帮助我们认识和理解自己,与他人进行沟通和建立联系,缓解压力并培养积极的心态,从而提升个人的幸福感和生活质量。

本书由公众号"我们的太空"的心灵加油站专栏所刊发的文章精编整理而来。"我们的太空"作为太空新媒体中心官方账号,秉承红蓝融合理念的创新思维、开放胸襟、合作精神,刊发内容以有情怀、有温度、高品质著称,具有较高的影响力。近三年来,刘邦春教授大力发扬航天工程大学严谨治学的作风,远程担负心灵加油站的栏目建设及稿件审核,带领指导学生高质高效推出百余期作品,有力展示了大学师生风采,为推进航天系统部心理服务体系建设发挥重要作用。本书节选了其中可读性、实操性强的文章修订而成,希望能为读者们提供一些有益于心理健康、传递正能量的调节方法。

本书共包含四篇,分别探讨如何培养积极的心态、如何处理压力和焦虑等负面情绪、如何通过发展自我意识和自我接纳实现自我成长、如何建立健康的人际关系四个方面的内容。希望通过实用的指导和案例分析，为读者提供一系列心理疏导、解压的技巧和方法，获得启迪和力量，以积极的态度面对生活中的各种困境，收获成长和智慧，更加坚强和自信，更好地应对生活中挑战。

《阳光心灵加油站》不仅仅是一本书，更是一个陪伴读者共同成长的心灵伙伴。期待在《阳光心灵加油站》的支持下，更多人能够找到心灵探索的答案，找到内心的平静和力量，传播正能量。

《阳光心灵加油站》编委会<br>
2023 年 12 月 20 日

# 目 录

前 言 / 1

## 第一篇 积极心理思维 / 1

用积极心理思维活出心花怒放的人生 / 3
保持向上心态，向着快乐出发 / 7
积累积极情绪，缓解生活压力 / 10
乐观——生活的"糖分" / 14
对世界微笑，与自己和解 / 16
心向阳，莫焦虑 / 18
生活在没有抱怨的世界，这个妙招少不了！ / 20
闲暇蕴深力，善用价更高 / 22
拒绝自我精神内耗，给生活加点甜 / 24
笑对挫折，造就精彩人生 / 27
心理健康判断的原则 / 30
塑造阳光心态，你需要掌握五个妙招 / 35
端午节的心理学秘密，你知道吗？ / 40
拾好心情再出发 / 43
培塑积极心态，向摆烂生活说"NO"！ / 45
以勇敢之名，向光前行 / 48
走出低效勤奋，建立人生正循环 / 50
从容不迫，热爱可抵岁月漫长 / 53
内心丰盈者，独行也如众 / 56

## 第二篇　情绪管理　/ 61

培养钝感力，克服玻璃心　/ 63
正视精神内耗，堵住心灵"漏油点"　/ 66
消除负面情绪，可以试试这三招　/ 70
稳住自己，拒绝情绪内耗　/ 73
积极应对，笑对焦虑　/ 76
走出情绪低谷，笑着面对人生　/ 79
学会控制情绪，保持情绪稳定　/ 82
学会情绪管理，正确面对压力　/ 85
走出情绪困扰，这个方法666！　/ 88
别让失败成为你的绊脚石　/ 92
三个小技巧，带你走出自我苛责的陷阱　/ 95
考研人注意！跟焦虑说再见！　/ 99
如何善待自己，掌握情绪智慧　/ 102
与情绪和解，获得心灵成长　/ 105
学习这三种情绪管理方法，让你牵住情绪的"牛鼻子"　/ 108
别想太多，你被过度思考束缚住了吗？　/ 110
跟我学，把挫折转化为青春里灿烂的一页！　/ 114
怎样保持幸福感？你想知道的在这里　/ 116
心灵不妨"钝"一点，生活勇气多一点　/ 120
学会调节，成就自我　/ 123

## 第三篇　自我成长　/ 127

深沉耕耘，静待花期　/ 129

远离内卷，轻装前行　/ 131

用压力浇灌人生繁华　/ 133

跟我学"四步走"，帮你克服"拖延症"　/ 136

不和过去纠缠，不跟自己为难　/ 138

阅读的力量　/ 141

以书润心，与智同行　/ 143

告别抱怨，收获成长——阅读《不抱怨的世界》有感　/ 147

再见，毕业焦虑！期待，顶峰相见！　/ 150

对生活少一分抱怨，多一分热爱　/ 153

莫问前程几许，只顾风雨兼程　/ 156

拒绝"精神内耗"，争做行动派！　/ 158

跟我学"三步走"，接纳真实的自我　/ 163

关爱女性心理健康，遇见更好的自己　/ 165

打破定义，让女性力量绽放　/ 168

于明窗之内，窥世界之美——寻找自我认知的平衡之道　/ 171

勇毅前行，做自己的英雄　/ 174

不够完美的人，才能不断成长　/ 176

没有过不去的坎，只有越不过的心　/ 179

## 第四篇　人际关系　/ 183

"三步走"走出内耗，活出自我　/ 185
友谊之树长青　/ 189
爱意随风起　/ 191
理性恋爱，不做恋爱脑　/ 196
你的爱情，到来了吗？　/ 199
走出社恐，拥抱世界　/ 204
别人喜不喜欢你，真的不那么重要　/ 207
巧用吸引力法则，开启美好新生活　/ 209
内向优势：i 人的交友密码　/ 212
爱与被爱，请坦然付出与接受　/ 216
总是忍不住跟他人做比较，怎么办？　/ 218
告别讨好型人格，爱己爱人爱生活　/ 222
避免投射现象，让你看到更真实的世界　/ 225
如何快速走出失恋？不论有没有恋人都可以看看　/ 228
"黄金法则"让人际关系更和谐　/ 232
社交"断""舍""离"：不必把太多人请进生命里　/ 234

chapter 1
第一篇

# 积极心理思维

积极心理思维是一种以积极心态面对生活的思维方式。其核心在于关注和强调生活中的积极方面，如幸福、成功、健康等。通过将注意力放在这些积极方面，人们能够更好地感受到生活的美好和希望。

　　积极心理思维还强调对个人成长的关注，人们可以通过积极心理思维来发现自己的优点和潜力，有意识地培养自我适应能力和调节能力，不断提升自我认知和自我价值感，从而更好地应对生活、工作中的失败和挫折。

　　本篇收录了十九篇文章，围绕如何判断心理健康、怎样应对挫折、如何保持积极的情绪和思维、如何提升自我认知和自我价值感等主题，分享了积极心理思维相关的心理学原理和改善、保持积极心理思维的具体方法。

CHAPTER 1

# 用积极心理思维活出心花怒放的人生

你是否有过这样的经历——在经受过一次或几次工作或人际交往上的"不愉快经历"后,大脑忍不住总是回想"糗"的经历,要么反复复盘,要么反复自责,心思大幅度被牵扯,造成严重精神内耗。结果往往是不能静下心来,无论怎么努力,都摆脱不了过去的"阴影",干什么都效率低下,烦躁易怒,进而出现更多的工作失误以及更紧张的人际关系,造成恶性循环。你对这样的状况是不是感到既无奈又苦恼?

## 习得性无助

美国心理学家、积极心理学之父赛利格曼在 1967 年研究动物时,发现在笼子里反复被电击的狗,多次实验后,即使笼门打开,狗也不会逃走。这是因为狗在先前的经历中,习得了无论自己怎么努力都于事无补的感觉,所以当它们最终置身于可自主选择的新环境中时,也已经放弃尝试。赛利格曼把这种现象叫作习得性无助。

习得性无助表现在人的身上,就是当一个人在某件特定的事情上多次努力却反复失败,于是形成了"我怎么努力都改变不了结果"的心理,就容易有无助感。

值得欣喜的是,科学研究表明,无助固然可以习得,而内心的积极力量就像肌肉一样,也是可以练出来的。所以,请不要担心,也不要着急，下面的六条经验能够帮助大家有意识地培养强大的内心，活出心花怒放的人生。

### 一 停止用恶毒的语言喂养你的潜意识

神经科学家乔·迪斯彭扎博士说："地球上90%的人每天早上醒来就开始思考过去痛苦的事，焦虑自己得不到的东西，给自己找借口，推卸责任，抱怨。"如果一个人的大脑30年来每天都在告诉自己"我不好，我不优秀，我不值得"，不断地激活和强化同样的神经网络，这些神经元连接就会像高速公路一样发达，而积极的神经元连接则处于抑制状态，变得非常脆弱。所以请停止使用恶毒的语言、负面的情绪和思维喂养你的潜意识，对自己有点同情心，因为这个叫作"自己"的人早已经伤痕累累了。

### 二 告诉自己"我已经很好了"

心理学家和催眠师玛丽萨·皮尔建议大家经常在镜子上写出"I am enough."（我已经很好了）。人类的欲望是无止境的，但是我们要告诉自己，现在已经足够好了，好到足以享受当下。在你平时说话的时候，请陈述事实，不要做出任何评价，不要指责或追究责任，对自己多用肯定句，少用否定句和消极句。

### 三 把每一场苦难当作赋能

畅销书作家托尼·罗宾斯说："你生活中的一切，包括最痛苦和创伤性的事件，都是为了成就你而发生的，而不是针对你。"每一个人在一生中或多或少会遇到各种各样的创伤，无人能幸免，磕磕绊绊才是人生的常态。但每一场苦难对你来说是伤害还是赋能，全都取决于你如何看待它。要能够接受自己的失败，人生就是一个试错的过程，千万不要对自己太苛刻了。请尝试将创伤看作是礼物，试着发现它有希望的那一面，这会让你变得强大，获得更多成长的机会，也会让你离成功更近一些。

### 四　做正向能力的积累

具体方法主要包括写感恩日记、做运动、读书以及正念冥想。2005年，美国国家科学基金会发表过一篇文章，普通人每天会在脑海里闪过1.2万至6万个念头，其中80%的念头是消极的，高达95%的念头与前一天完全相同。这里特别介绍下正念冥想这个已被广泛运用于心理治疗等领域的技术，它被证实对于缓解焦虑和精神内耗有巨大帮助。"正念"这个概念最初源于佛教，是从坐禅、冥想、参悟等发展而来，意思是有目的地、有意识地关注、觉察当下的一切，而对当下发生的一切又不做任何评价、任何分析、任何反应，只是单纯地觉察它、注意它。正念冥想通过关注自身的呼吸、感受身体的不同部分，引导个体觉察自身，锻炼思维和神经，允许消极思维的存在，但不影响自身。

### 五　做自己擅长的事，给自己创造成功体验

在平时的生活中，可以找一些自己擅长的事情做，培养自己的成就感和自信心。比如，一个人非常内向、不善交际，那么他可以通过写文章、做视频来表达自己。当他的文章、视频受到网友的积极评论时，内心就会认定这是一个成功的体验，进而增加其自信心，甚至成为他弥补自身短板的动力。

### 六　勇敢永远比完美更重要

勇敢永远比完美更重要，你不需要很优秀，不需要把一件事情做到极致，也不需要非常自信。面对各色的人或事，我们永远都不会做好万全的准备，永远都不可能做到完美。所以，请屏蔽掉脑海

中的杂念，please follow your guts（请跟着感觉走）!

朋友们，永远不要画地为牢，永远不要给自己设限。如果当下不是你想要的生活，你就努力地去改变现状，主动地打开你的大脑，去结识比你优秀的人，保持好奇心、探索欲和求知欲，活出心花怒放的人生。

（袁汝霖）

# 保持向上心态，向着快乐出发

保持积极向上，使人身心健康，并催人上进，能给我们生活带来积极的动力；消极失落，使人感到不适，进而影响工作和生活。积极向上的人总能保持成功和快乐，是因为他们能在绝望中看到希望，永远拥有不断奋斗的动力。只要我们保持好积极向上的心态，培养健康习惯，怀有感恩之心，就能向着属于自己的快乐出发。

### 一　坚定信念、永怀希望

人的一生不可能永远一帆风顺，有很多挫折和苦难陪伴在我们左右。只要我们能够相信自己，保持积极心态，终会有"柳暗花明又一村"的境遇等待着我们。让我们用积极的心态去面对挫折，在挫折中学习，在苦难中成长。坚定信念、坚韧不拔，坚信没有穿不过的风雨、涉不过的险途。无论面对怎样恶劣的环境，面对多么大的困难，都不能放弃自己的理想和信念，放弃对生活的热爱。因为很多时候，让自己失败的从来不是环境，而是自己的心态和情绪。

### 二　直面磨难、常怀感恩

在人生的岔路口，若选择了平坦的大道，虽然感到安逸自在，但缺少了人生的磨砺；若选择了爬山登高之路，也许会充满荆棘，但登高望远所能见到的也是他人所领略不到的美景。面对生活中的不顺，我们要满怀热忱、常怀感恩，唯有磨难才能使你不断成长。法国思想家伏尔泰说："人生布满了荆棘，我们晓得的唯一办法是从那些荆棘上面迅速踏过。"生活本就不平坦，更需磨炼，"燧石受到的敲打越厉害，发出的光就越灿烂"，我们也是一样，感谢那些挫折、磨难，让我们成长进步。

### 三　胸怀开阔、学会宽容

人生的道路漫长且坎坷，在充满艰辛的同时，也充满了希望。不要总抱怨生不逢时，不要埋怨他人给予的不利影响，而是要保持宽容、理解之心。气量和容人，犹如器之容水，器量大则容水多，器量小则容水少，容物之量如是，容人之量亦如是。放开胸怀，用宽容的心胸去接纳世界，幸福将会不期而至。做到了心胸开阔，方能心如止水、心平气和；做到了安心自得，方能笑看风云、淡看一切。

### 四　点赞自己、增强自信

一片树叶总有一滴露水滋养，人人都有属于自己成长的天地。你在羡慕别人的同时，却很容易忽略自身的长处。每个人都有各自的优点和长处，要学会欣赏自己、珍爱自己，为自己点赞。没有必要因他人的出色而看轻自己，也许在你羡慕他人的同时，你也正被他人所羡慕着。积极向上，提升自信与主动意识，而自信意识来自经常在心理上进行积极的自我暗示。一个人的自信决定了他的热情以及自我激励的程度。做一个拥有自信的人，点赞自己、方能成功。

如果你此刻感到焦虑，请放慢脚步，感受阳光，安静下来理智分析焦虑的原因，让自己充满动力和能量。如果你现在面临困境，请保持乐观，将挫折作为鞭策自己的前进动力，遇事多往好处想，多聆听自己的心声，稳住心神、淡定坦然，才能走得更稳、更远。拥抱阳光、感受温暖，照亮前行的路，奋斗拼搏、成就精彩。

（辛明宇）

# 积累积极情绪，缓解生活压力

你是否正在为即将到来的考试担忧，因那背不完的文科和学不会的理科？你是否正在为新学习的技能烦恼，因久久得不到突破而心烦意乱？你是否又在为不善于处理人际关系，时常感到手足无措？想要的太多但做得太少，无法沉下心做事而又急功近利，总和他人做比较还很在乎他人的看法……这些都会使你产生压力。

压力，是一个人认为自己无法应对环境要求时产生的负性感受和消极信念。当面临挑战或感到无助时，我们能够清楚感受到压力的存在，但压力不仅仅是一种情绪，还是一种穿行在我们体内的身体反应，就像电路板上的电流一样。短期看来，压力有积极作用，但当压力出现得过于频繁、持续时间过长时，它产生的反应不仅会影响到你的大脑，还会对你的身体造成伤害。因此，我们需要找到一些方法来缓解压力。

## 一　减少欲望和合理规划，是从根本上缓解压力的有效途径

### 减少欲望

适当减少自己的欲望，无论是精神层面还是物质层面，都会使你更加快乐。第一只有一个，不必事事争第一。如果确实感到压力过大，不妨重新评估一下自己的工作，尝式减少工作量或者降低工作难度。做个"差不多先生"或者"差不多小姐"并不丢人，不要

和水平远超自己的人攀比，这样只会使自己徒增痛苦。

### 合理规划时间

有些时候感受到的压力，或许仅仅是对时间的浪费所造成的。时间充裕的时候不着急，到最后期限了发现来不及，压力因此而起。如果能够改变生活习惯，合理规划时间，就能从根本上缓解压力。你可以制作一张时间表，将所有待办事项梳理一遍，及时关注自己的进度，完成一项划掉一项，不仅能够明确目标，还能理清思路。随着划掉的项目越来越多，心中也会产生成就感。

## 二　当压力不得不存在时，该如何缓解

### 学习方面

**运动健身**　这是一个老生常谈的话题，但往往也是最有效的途径。良好的锻炼不仅能产生积极的情绪，还能增强大脑创造新神经元连接的能力。运动之所以能缓解压力，与多巴胺和内啡肽的分泌有关，这是人体释放的两种激素，当运动达到一定量时，身体里产生的这些激素能愉悦大脑，提供能量和快乐，把压力和不愉快通通带走。当学习一段时间后，不妨出去散散步，什么也不想地放空自己，让大脑得到休息也是一种不错的选择。

> **多巴胺**
>
> 多巴胺是一种能给人带来"好感觉"的神经递质（在神经元间传递信息的化学物质）。当我们终于吃到我们想了很久的美食时，大脑就会分泌多巴胺，因此多巴胺能带来愉悦和满足的感受，是大脑奖赏系统的重要组成部分。科学研究发现，多巴胺参与人的自主运动、注意、学习、强化、计划和问题解决等功能，所以，除了带来快乐，多巴胺确实有利于压力释放后重新投入更高效的学习与工作。

**培养兴趣爱好** 沉下心来培养一种兴趣爱好，或读书写字，或观影绘画，压力大时帮助转移注意力，就能让你放松心情、缓解压力。如果能够坚持，这些兴趣爱好最终会变成特长，甚至在意想不到的时候发挥大作用。

**良好睡眠** 睡眠失调会破坏大脑工作节律，使大脑得不到充分休息和充足营养，长期的疲劳会使记忆力减退、思维速度放慢，进而产生恶性循环。而在睡眠时，大脑不再进行紧张的思考，得到很好的休息，缓解脑力疲劳，清醒状态时受到压抑的潜意识通过梦境得到充分宣泄，负面情绪一扫而空。

**良好饮食习惯** 高糖分虽然可以使人在短时间内拥有充沛的精力，但长期下来，高糖分会使肾上腺素过度分泌，造成情绪不安、易怒等症状。日常生活中多吃一些蔬菜水果、粗粮、坚果，其中所含有的丰富的锌元素、镁元素、维生素等，可以补充压力来袭时消耗迅速的营养物质，有效缓解压力，帮助降低焦虑。

**寻求帮助** 学习生活中有压力是一件再正常不过的事情，不必对此有心理负担，当自己无法如愿缓解压力时，可以向外界寻求帮助。你的好友、你的家人抑或是学校的心理辅导老师都可以成为你的倾诉对象。

**阅读提升** 你也可以尝试广泛地阅读一些书籍，逐步知道自己需要什么，在这个纷繁复杂的世界里找到自己的位置，或许书中能给你想要的答案。

## 人际关系方面

**不乱发脾气，待人宽容** 一段良好的人际关系或许没有你想象中的那么难以经营，态度热情、做事直爽、少传递负面情绪，就足以遇见情投意合的人。"己所不欲，勿施于人"，不仅仅是嘴上说说，也得落实到实际行动。不仅要学会不将自己的意见强加于人，也得善于给他人"递台阶"。

**学会拒绝** 当有人安排你去做不喜欢的事情,要学会拒绝。并不是一味答应所有要求就能得到一段良好的人际关系,这样或许反而会给自己带来烦恼和不满,也会给别人留下你唯唯诺诺的印象,容易陷入恶性循环。

压力并不可怕,缓解压力的方法因人而异,根据自身情况,保持良好的身心健康状态才是最终目的。愿你我都能学会停下、梳理、复盘,然后再出发!

(周思言)

# 乐观——生活的"糖分"

人生总会遇到坎坷和挫折，但是乐观积极的态度可以让我们更好地面对生活中的挑战。生活中的每一个阶段都是一个新的开始，享受生活中的美好和乐趣会使我们的生活更加幸福和充实。那么我们该如何以积极乐观的态度面对生活呢？

**首先，我们应该学会发现生活的美好。**

在遇到生活中的不如意时，要学会从其他的角度思考问题，所谓苦中作乐。这些乐可以是生活中不经意的小事，比如，沐浴着阳光，听着鸟鸣，坐在窗前美美地享受一杯咖啡；也可以是自己精心准备的计划，比如，去自己很想去的地方旅行，看看不一样的风景，感受大自然的美好。我们要学会在日常生活中寻找乐趣，生活的美好瞬息万变，现代社会的节奏却越来越快，生活中许多美好的瞬间往往被我们忙碌的脚步所掩盖。我们需要学会慢下来，感受周围的美好，让它们成为我们回忆的一部分。

**其次，我们应该用积极的行动面对生活中的困境和挑战，不要让自己沉浸在悲伤与失落中。**

当我们到达了生活的低谷，遇到了无法避免的困难和挑战时，不要自我否定，更不要自暴自弃，要学会笑对生活，用积极的行动改变现状。如果总是以悲观的态度面对这些困难，你就会逐渐对生活失去希望甚至感到绝望。但如果我们用积极的态度和行动对待困难，那么所有的难题都会迎刃而解。面对困难和挑战我们要有"会当凌绝顶，一览众山小"的意气风发。

### 再者，我们要学会接受变化。

生活总是瞬息万变，这是大自然的规律也是人力无法决定的，既然无法改变它，那么我们就必须学会适应这些变化。生活的改变既是机遇也是挑战，我们应该用积极的态度看待这些变化，把握住机会。例如，当我们失去工作时，我们可以看作寻找更好的工作的机会；当我们遭遇重大变故时，我们可以看作一个全新的开始。在接受变化的同时，我们应该对未来保持乐观，相信自己的能力，相信未来会更好。

### 最后，我们应该学会感恩。

不管生活带给我们什么，我们都应该心怀感恩。虽然生活并不是处处如意，但就像上天为你关掉一扇门，就会为你打开一扇窗，生活中总有意外之喜，因此我们应该用一颗感恩之心去对待生活。无论是美好的事物，还是挫折与困难，都有值得我们感谢的地方，感恩会让我们的心灵变得更加美好，成为更加乐观、积极的人。

生活是一场旅程，我们不能预测它会带给我们什么，但我们可以在旅途中学会乐观积极地面对生活，把每一次的困难和挑战看作是成长的机会，从中寻找不一样的乐趣。我们可以用积极乐观的方式，直面生活中的各种困难和挫折，所以请始终相信"车到山前必有路，船到桥头自然直"，用积极乐观的态度体会生活的美好吧！

（于绍权）

# 对世界微笑，与自己和解

这世间有人被掌声鲜花簇拥，光鲜亮丽，有人历经滂沱大雨，狼狈不堪，但是他们都值得被我们尊重。

很多年轻人抱怨自己既没有迷人的外表，也没有聪明的才智，他们不断紧张，不断焦虑，不断压抑。大家都希望自己是完美的，这无可厚非，但过分愁眉苦脸，急于求成，反而会事与愿违，甚至教人开始自我怀疑。

遇见的都是天意，拥有的都是幸运，不完美又何妨呢？世人都以众星捧月为美，殊不知当明月缺失后，夜空愈显星光点点，更是一种淡雅恬静之美。人生因为不完美才美丽，生命之美往往闪耀在缺失的角落，这也不失为人生的浪漫。随遇而安，欣然接受，一切的美好是自然而然，不必活得太刻意。我们可以平凡，可以因为作为一个普通人而快乐！

### 接受自己的平凡

《山月记》中有这么一段话，"我生怕自己并非美玉，故而不敢加以刻苦琢磨，却又半信自己是块美玉，固又不肯庸庸碌碌，与瓦砾为伍，于是我渐渐地脱离凡尘，疏远世人，结果便是任愤懑与羞恨，日益助长内心怯懦的自尊心。"

我们都应该坦然接受自己的不完美，甘于平凡却不平凡地腐败，不破不立，不坠不悔，不惧不慌。活好当下，接受平凡，并不是结束，而是新的开始，你会清楚地看到自己的缺点，不再幻想虚无缥缈的事情，慢慢和自己和解，逐渐发掘自己的优点，每一个认真努力生活的平凡人，把平凡的生活过好，这本身不就是一场伟大吗？

### 接受自己的失败

我们总是太在意输赢成败，但却忘记了怎么度过人生。从小到大我们听到的更多是：你要变得更优秀，变得更努力。但是没有人会告诉你要敢于接受自己的失败。其实在世界上，真正的失败只有一个，那就是被自己打败，我们要慢慢接受自己的平凡，允许自己出错，带着遗憾慢慢绽放，重要的从来不是时间的长度，而是过程的宽度，这是我们与自己握手言和、达成和解的好办法。

### 接受自己的情绪

你是不是经常这样：常常一场情绪好了没几天，就会陷入下一场情绪崩溃中，你的大脑总是倾向于否定或者逃避当下。事实上，你的大脑越是这样做，你遭受的痛苦就越多。当你处在消极的情绪中，你就会联想起来同样让你难过的事情。如果你能尊重和接受自己的状态，你的痛苦也会随之减少。不要让情绪积累，生活本身不可阻挡，你消极是这样，你不消极也是这样，所以请选择让它过去，不跟它较劲。真正的强大不是对抗，而是允许和接受，允许世事无常，允许痛苦，我们能做的就是接受，像接受所有的好一样。至此鲜花赠自己，纵马踏花向自由。

（王姜宇）

# 心向阳，莫焦虑

焦虑在我们的日常生活中非常常见，在面临重大抉择时，在考试前，在工作不顺心时，焦虑会出现在生活的方方面面，无处不在。没有压力就没有动力，有时适度的焦虑能帮助我们更好地完成工作和学习任务，但绝不能过度焦虑。

如果长期处于焦虑的情绪下，会对身体产生各种损害，例如，长期的过度焦虑会影响睡眠质量，造成失眠，甚至会有心悸、心慌的现象出现。同时焦虑也会一定程度上对我们的心理造成伤害，压力过大很容易让人产生悲观的情绪，变得易怒，引起莫名的烦恼、抱怨和担忧，严重的可能会让人产生自杀的念头。

下面分享五个有助于应对焦虑的方法。

## 一　及时止损

不执拗，不纠结，学会放下。聪明的人应该要懂得及时止损，不让琐碎小事纠缠不清，所谓条条大路通罗马，如果一条路走不通也不要不撞南墙不回头。要学会认清现实，及时回头，不必纠结自己已经做错的事，而更应该活在当下，好好走好接下来的路。

## 二　平衡心态

用平和的心态坦然地面对一切。在这个快节奏的社会我们应该适当放慢自己的生活节奏，遇到问题的时候仔细、全面地分析，不要被生活牵着鼻子。我们应该学会用平和的心态来看待问题，保持豁达的态度坦然面对生活的苟且。

### 三　接纳自己

接受不完美的自己。世界上没有真正完美的人，要学会在生活中认清自己，人的能力和精力是有限的，不必过分强求自己，不要一味地自我否定，落入精神内耗的陷阱，要学会脚踏实地，接纳真实的自己。

### 四　培养兴趣

兴趣是生命飞翔的翅膀，它能开发你的智慧，陶冶你的性情。丘吉尔曾说过，要获得真正幸福平安的心境，一个人至少应有两三种实实在在的爱好。一个好的兴趣爱好能充实你的内心，丰富你的生活，使你更独立、更自由。

### 五　明确目标

目标是我们前进方向上的灯塔。一旦目标明确，我们将更加清楚自己的人生航向。君志所向，一往如前；愈挫愈勇，再接再厉。既仰望星空又脚踏实地，一个明确的目标能给我们前进的动力，带着目标去生活能让我们在回忆往事时不会觉得自己碌碌无为，也不会让我们的人生变得迷茫。

焦虑不会消除明天的悲伤，只会让今天的力量荡然无存。不要让自己陷入焦虑的情绪，要学会"轻装上阵"，心无褶皱，才能行至春光。

（晏浚译）

# 生活在没有抱怨的世界，这个妙招少不了！

我们每天的学习生活节奏都比较快，有时会长期处于一种精神上的高压状态，在这种情况下，难免在我们的身边——甚至我们自己——会有一种莫名的烦躁：看周围的一切都不顺眼，看到什么事情都想吐槽两句，同时自身的行动力大幅下降，办事质量也断崖式下跌。当我们听到这种不美好的声音时，内心的负面情绪也难免决堤。

那么，当我们身边甚至我们自己内心出现这种不和谐的声音时，该怎么办呢？怎样才能更好地预防这些负面情绪，让我们的身边一片清明，少一些"抱怨"呢？

### 一　明晰抱怨产生的原因

要解决一个问题，首先要了解它的"底细"，知己知彼，方能百战不殆。抱怨的产生，往往是源于我们把注意力的焦点被动或主动地放在了我们并不想要的东西上，所谈论的是负面的、消极的东西。所以我们注意什么，它在我们心中的影响力就会扩大。

威尔·鲍温在《不抱怨的世界中》提到："抱怨，其实是为了获取同情心和注意力，以避免去做我们并不喜欢去做或不敢去做的事情。"反思我们自身：我是否也曾经像上文提到的那样焦虑抱怨过呢。

### 二　健康沟通：找对的人，说对的话

出现问题后，你应该做的是直接找那个和你发生问题的人谈，

并且只找那个人谈。和别的不相关的人谈都是抱怨，这会形成三角问题，非但不能解决问题，有时可能还会产生新的问题。

找对人，实际上是我们调整注意力的一个方式，它会使我们把注意力集中在"解决问题"而不是"逃避问题"上，从而有效缓解负面情绪。

### 三　专注做事，把精力投入正确的方向

你渴望得到的东西，不管你能不能得到，起码你都有资格去争取它。不要找借口去逃避，去"摆烂"。有的时候，抱怨是因为人们自觉他们不配得到他们想要的东西或想要达成的目标，又缺乏自我肯定，于是通过抱怨来推卸责任，放弃那片理想的高地。

我们要对自己有"安全感"，这就代表我们自己接受了事物的原貌，专心且踏实地投身于其中，而不是试图逃避它甚至否认它。

### 四　给自己积极向上的心理暗示

让自己成为更积极的人，相信自己会达到想要的目标，得到想要的东西，而不要去抱怨自己不要的东西。自信自己走过的每一步，做过的每一件事。无论对错，起码我们可以对自己负责。

时时刻刻都坚信自己所走的路的正确性，这样才会有源源不断的正能量像清泉一般从心底汩汩流出，润泽身心。

抱怨不可怕，沉浸于抱怨才可怕。正视自己内心的想法，脚踏实地地努力，定期自我审查，看看注意力是否放在正确的地方，及时发现问题，堵住一个个看似微不足道的漏洞，这样我们才能和抱怨说再见，走出心灵困境，为内心加油打气，永远生活在"没有抱怨的世界"里。

（徐升）

## 闲暇蕴深力，善用价更高

人生路途中，没有一个人会从始至终一直陪伴着我们。想要更好地了解自己的内心，就要学会与自己相处。在自媒体、短视频快速发展的当今，人们似乎已经丧失了与自己相处的机会，独处的时候或是处理手机上的消息，或是低头刷刷短视频来消磨时间，很难会想到去好好计划一下自己的时间，享受只属于自己的时间。

叔本华写道："只有当一个人独处的时候，他才可以完全成为自己。谁要是不热爱独处，那他也就是不热爱自由。"与自己相处，不是把自己封闭起来，与世隔绝，断绝与外人交往，而是沉淀自己，使自己的内心安静下来，从而更好地认识自己，获得精神的富足。很多时候因为有了他人的陪伴，我们才有勇气与信心去尝试一些事情。可是当只有自己时却不知道怎么做，我们可能会感到慌张、迷茫、不知所措。尽管我们每个人都会害怕孤独，可只有孤独能让我们更清楚地认识自己。

独处，是自己与自己的对话。快节奏的生活很容易让我们的内心变得空洞，慢慢麻木，不知道自己究竟想要什么，而与自己独处可以让我们知道内心的真实想法，去找到自己的喜好、自己的优势，做自己真正想做的事情。与自己相处其实就是给自己更多的时间去观察、去思考，成为一个具有智慧的人，把脚步放慢，找到另一个的自己。

冯骥才说过："平庸的人用热闹填补空虚，优秀的人以独处成就自己。"看一个人是否自律，就看他独处时的模样，看他能否耐住寂寞与诱惑，去做那些对自己切实有益的事情。回溯历史，李时珍写《本草纲目》用了27年，徐霞客写《徐霞客游记》用了34年，达尔文写《物种起源》用了27年，马克思写《资本论》用了40年。如果缺乏耐得住寂寞的定力，没有独处时的思考，这些成就是很难取得的。他们在独处时思索人生，规划未来，钻研学问，终有所成。享乐放纵的独处不是真正的独处，没有与自己对话、深挖内心想法的独处不是真正的独处。认识自己、放松身心、倾听内心、寻找乐趣，在独处中放松并提升自己才是真正的独处。

下面给大家介绍几种独处时可以做的事情。

**1. 读书** 看一些自己感兴趣的书籍，静下心来，去思考，去接纳，去巩固自己的认知，提升修养，拓展格局，每本书都会给予人不同的力量。

**2. 写作** 记录下自己的想法，去整合总结，让自己的逻辑思维获得提升，从中发现新的自己。

**3. 运动** 充分运动后会让人更有活力，身体中分泌的多巴胺会让你更加热爱生活，精力充沛。

**4. 娱乐** 或是追剧，或是打游戏，让自己的大脑完全放松下来，但要适度。这不是浪费时间，充分的放松会让我们的工作学习效率提高。

如今，人们像旋转的陀螺一样，想停也停不下来，人生被按了加速键，长此以往，只会使自己疲惫不堪，同时毫无所成。要学会与自己独处，静下来给自己充充电，慢慢提升，静待努力之花结出果实。与其在喧嚣之中消耗光阴，不如在独处中积蓄力量。愿我们学会独处，做自己内心的主人，明白心中真正的追求，找寻到生命的意义。

（王祎涵）

# 拒绝自我精神内耗，给生活加点甜

你是不是也有类似困扰：

"我总是没办法控制好自己的情绪，脾气很差，我想要改变自己。"

"我的原生家庭很糟糕，长大后也处理不好亲密关系、亲子关系。"

"习惯了压抑自己讨好别人，不合理的工作需求也很难拒绝。"

拜托，别再自我精神内耗了。

当一切顺风顺水的时候，我们的自我感觉似乎好了起来，对自己也更友善、周到。但每每遇到糟糕的事情，比如，运气不好，或者努力之后没得到回报，我们又会开始自我攻击：习惯性自我怀疑，质疑自己做出的选择和行为；在内心苛责自己，批判自己做得不够多、不够好；因同一件事而反刍，内耗，导致身心俱疲……

其实，每个人都会有"自我精神内耗"，但这样的次数多了，人生便会失控。美国心理学家鲍迈斯特提出过著名的"自我损耗"理论："尽管你什么都没做，但是每一次选择、纠结和焦虑，都是在损耗你的心理能量。"

下面向你推荐停止内耗的建议，帮助你卸下内心的束缚，轻松前行，把精力花在值得的事情上，收获更好的自己。

### 停止活在他人眼里

叔本华说："人性有一个最特别的弱点，就是在意别人如何看待自己。"无论是生活还是工作，人最容易忽略的，往往是自己。人生可以为自己而活，而不是被一些看法、眼光来左右自己。不论何时，为自己而活，忠于自己的内心，去做自己喜欢的事，这也许是一个人很好的活法。

有人说，人生唯一的远方，就是做清净的自己。活在别人的眼中，只会让自己失去自我，不再快乐，所以，做好自己，不要为不值得的人、不值得的事，去劳心费力。

不轻视自己，在每一个日出日落间，活出真实的自我。做你自己，表达你的感受，因为那些介意的人并不重要，那些重要的人也不会介意。学会放下对别人的关注和期待，把时间和爱留给自己。

### 停止苛求完美，接纳自己

对自己的生活现状负责，接纳自己的生活现状，相反，排斥和依赖显示尚未真正接纳自己的生活。感到痛苦吗？我们和痛苦在一起。感到悲伤吗？我们和悲伤在一起。让一切真实显现，不诠释、不美化、不批判，活在小我是没有关系的，认清自己当前的真相，活在当下，了解欲望和恐惧。我们的目标不是改变世界、改变自己，而是调整对自己与世界的认知，以客观的眼光，察觉自己正在做的事，面对负面，每一刻我都有选择的自由。

人无完人，一个人有优点，就会有缺点；善解人意，可能也会蛮不讲理；慷慨大方，可能也会自私小气。我们无法苛求自己面面俱到，承认自己的不足，坦承自己的意图，活得通透的人都是愿意接纳自己的人，保留那份遗憾，人生也许不够完美，但是却变得更加完整。当你能够做到合理地审视自己，自我与他人的边界就会逐渐清晰，接纳自己的过程也会随之开始。

### 停止思虑过度

常言道："有心者有所累，无心者无所谓。"人生的幸福，有时候就在于放空。不要思虑过多，更不要自寻烦恼。

我们总是对生活中的某些事翻来覆去地思考。为了某一个决定、某件事感到后悔，忧虑自我的价值或者担忧未来，似乎总是无法逃离过度思虑的泥淖。但实际上，我们担忧的事情没有发生，让我们感到后悔的事情也不可能重来，很多事就是这样，本来没什么，就是因为想太多，才让一切变得复杂。

当你用一颗简单的心去看待世界，你才能在纷繁人世中享受到岁月静好的幸福。

任何时候，我们都是自己精神内耗的制造者，也是唯一的终结者。告别内耗，是一场自己和自己的战斗。

"每个人都有裂缝，那是光照进来的地方。"

人生很长，总会遇到各种问题。

放松点，别想太多。

你也不差，真的。

（张桐）

# 笑对挫折，造就精彩人生

人生如航程，不会总是一帆风顺，时而遇到的挫折也许会成为我们成长的催化剂，关键在于我们如何去看待，怎么去应对。在挫折来临前我们做好准备，在挫折中我们积极面对，战胜挫折后我们学会反思，这便是挫折馈赠给我们的礼物。

什么是挫折？

挫折是指我们在某种动机的推动下，在实现目标的活动过程中，行为遇到了无法克服或自以为无法克服的障碍和干扰，使动机不能实现、需要不能满足、目标不能达成，产生失望、不满意、沮丧等负面感受的过程。

如何正确认识挫折？

挫折常有。挫折是前进中暂时的跌倒。人生总会面临许多挫折，人们需要不断前进，挫折是我们前进路上障碍，需要用我们的理性、智慧、经验等去战胜。

理性面对。挫折并不可怕，每个人都会遇到挫折，关键是在我们如何去认识它和对待它。当挫折来临时我们要有充足的心理准备，并理性地看待它。

挫折具有两重性。它既有消极的破坏作用，使人消沉、情绪低落，又有积极的促进作用，可以培养人的坚强意志，引导人总结经验，汲取教训，使自己所追求的目标得到完善和提高。因此正确应对挫折有助于发挥挫折的积极作用，防止和克服其消极作用。

那么我们该如何提高抗挫能力？接下来和大家分享几个小妙招。

### 一　树立正确的挫折观

要想提高对挫折的应对能力，首先就要从思想上正确认识挫折。挫折是人生路上的"常客"，挫折是暂时的，在人生的道路上我们只有向前走才能跨越挫折。它是把"双刃剑"，要认识到挫折对人生的助益，人们在挫折中才可以真正地成长。

### 二　客观的自我评价

真实而全面地了解自己，并正确地评价自己。对于自己的能力要有所了解，并依据自己的实际情况来确立恰当的目标。这样在达成目标的过程中受到的阻力会很小，那么受挫的可能也会大大降低。一些人对于自己没有明晰的认识，或对自己要求过高，树立很高的目标，在达成的过程中阻力重重。例如，在学业目标的规划过程中，没有考虑到英语是自己的弱势，给自己定的计划是在这个学期通过大学英语四级，结果没有达到自己的预期后就会出现失落心理，以至于最后干脆放弃了对英语的学习。所以要对于自己有清醒的认识，依照自己的实际情况可以多给自己一些复习的时间，将计划的时间延后至下个学期通过英语四级。这样就避免了过早就放弃和可能受到挫折的影响。

### 三　培养积极的思维

乐观的人运气总不会太差，积极的思维可以促使我们在遇到挫折时进行正确的归因，找到失败的根源，并重整旗鼓，整装待发。积极的思维表现在对于挫折的研判中，如失恋，积极的人会对自己的这段恋爱有客观的评价，理智地对待分手，并从中汲取教训，改变自身存在的问题，增长经验。积极的思维表现在挫折过后的重新开始。成功是点滴积累获得的，一次暂时的失败并不能代表一生都失败，要有从原地"爬起"的勇气，坚定向前，积极投身实践，积累经验。

### 四　建立稳固的社会支持与掌握调适方法

要想提高抗挫能力，稳定的社会支持就是你的坚强后盾。所以应该建立和谐的人际关系，好好经营自己的支持系统。当你遭受挫折一蹶不振时，试着和父母沟通、向朋友倾诉、获得恋人的支持，他们的理解、支持、鼓励、信任、关心将成为你战胜挫折的动力。除此之外，还要掌握一些心理调适的方式方法，化解因挫折而产生的紧张、焦虑等不良的情绪，如自我暗示、放松调节等。

### 五　寻求专业的帮助

当个体陷入挫折所带来的不良情绪无法自拔时，可以主动寻求专业的心理咨询师的帮助。有人说，现代社会的成功人士都是一手牵着律师，一手牵着咨询师。在心理咨询的过程中，心理咨询师会引导来访者矫正主观的认知，发挥其内在的潜力来应对挫折，化解不良情绪和行为，获得心理成长，最终提高对挫折的承受能力。

当你遭受挫折，感到情绪低落，仿佛生活失去了阳光变得一片灰暗，这时候，你开始感到自己像一艘小船在汹涌澎湃的大海上漂泊。但别忘了，即使在夜色最黑暗的时候，星星始终闪耀着自己的光芒。坚信这样一个信念，将一直照耀在你的心底，指引你渡过难关，走出情绪低谷的深渊。人生路还很长，与其眉头紧锁畏首畏尾，不如开怀大笑，坦然面对，坚定不移地走下去。

（吴其骏）

# 心理健康判断的原则

说到心理健康，大家并不陌生，也越来越认可它的重要性。心理健康的定义有很多，不外乎两个方面的解读。广义的心理健康是指一种高效的、满意的、持续的心理状态。在这种状态下的个体，能够做出良好的反应，具有生命活力，能够发挥身心潜能。狭义的心理健康是指人的心理活动和社会适应良好的一种状态，也是人的基本心理活动协调一致的过程，即认识、情感、意志、行为和人格完整协调。

有人要问：怎样衡量心理健康水平？这是健康心理学的一项重要的也是复杂的课题。从根本上讲，根据心理学对"心理"的定义，即"心理是人脑对客观事物的主观反映"，判断心理健康需要遵循三条原则。

## 一 主观世界与客观世界的统一性原则

这条原则强调心理活动与外部环境是否具有统一性。因为心理是人脑对客观现实的反映，所以，一个人的所思所想、所作所为，无论从形式上还是内容上，必须与客观环境保持一致。人的心理或行为只要与外界失去统一性，就难以被人所理解。

如果一个人坚信他看到或者听到了什么，而在客观世界中，当时并不存在引起他这种感觉的刺激物，我们就可以认定，他的精神活动不正常了，产生了幻觉。比如，有一个抑郁症患者，她说，经常听到她离世多年的舅舅在耳边跟她说话,让她到极乐世界去。所以她天天想着怎么死,好去跟舅舅到那边过好日子。毫无疑问,她产生了幻听。

还有一个案例,十几年前,有个成年男子,用锄头把他老婆生生打死了。他说他老婆是老虎,他是在为民除害。很明显,这个人的精神活动是不正常的,他产生了幻觉。

如果一个人的思维内容脱离现实,或者思维逻辑背离客观事物的稳定性,并且坚信不疑,我们就可以认定,他的精神活动不正常了,他产生了妄想。

现在,跟大家分享一个真实案例,一位著名画家的主观世界与客观世界从统一到不统一的真实案例。路易斯·韦恩是英国的一位插画画家,对猫情有独钟,《小猫猫的圣诞派对》,这是他的第一幅拟人化的猫咪作品,也是全世界"猫咪拟人"的开端。韦恩画笔下的猫透露出了他内心中的纯粹世界,他本人也因猫出名,大受欢迎,并把他画出来的猫称作"韦恩猫"。可是,这位画了70年猫的画家,从1924年起,被家人发现出现了精神问题,被送往精神病院后,画风大变,他笔下的猫与"韦恩猫"形成了巨大的对比,把猫画得越看越诡异,显得分崩离析,人们称它们是"万花筒猫"。由于韦恩的画风与其精神状态的高度吻合,因此,心理学家还会将韦恩的画当成经典的案例进行研究。

还有一些人,主观世界与客观世界不相统一,尽管是精神病患者,却也为世界做出独特贡献。日本艺术家草间弥生,出生在一个富裕的日本家庭,从小就喜欢艺术,但却遭到父母的强烈反对。由于长期生活在压抑的家庭环境中,青春期的草间弥生时常产生幻觉和幻听,最终患上精神疾病。大量的幻觉让这个小女孩看到了别人看不到的东西。每次出现幻觉,她总会飞跑回家,把她看到的那个根本不存在的世界画在素描本上。她说:"我的惊异和恐惧就是用这样的方式被一一稳住的。这些经历是我绘画的起点。"大家看，南瓜、高跟鞋这些日常物品，被她用世人皆知的大波点画出来，实际是她将她的幻觉逼真地记录下来而已，她的"波点"艺术元素，在时尚界一直是"王炸"一般的存在，人称"波点女王"。草间弥生也被戏称为世界上最贵的精神病人。

把握"主观世界与客观世界的统一性原则"这条判断原则，还需要重点把握"两个力"。

第一个力是自知力。在临床上常把有无"自知力"作为判断精神障碍的指标。自知力就是大家常说的内省力或者批判力，表现在是否承认心理有病，是否愿意看心理疾病。所谓无"自知力"或者"自知力不完整"，是指患者对自身状态的错误反映，或者说是"自我认知"与"自我现实"的统一性的丧失。

第二个力是现实检验能力。在精神科临床上，还把有无"现实检验能力"作为鉴别心理正常与异常的指标。因为如果要以客观现实来检验自己的感知和观念，必须以认知与客观现实的一致性为前提。

这些都是我们观察和评价人的精神与行为的关键，我们又称它为统一性标准。人的精神或者行为只要与外界环境失去统一性，必然不能被人理解。

## 二　心理活动的内在协调一致性原则

这条原则强调心理过程是否具有完整性和协调性。虽然人类的精神活动可以被分为认知、情感、意志等部分，但是自身是一个完整的统一体，各种心理过程之间具有协调性关系。这种协调一致性保证人在反映客观世界过程中的高度准确和有效。比如，人逢喜事精神爽，话不投机半句多，就说明了心理活动的内在协调一致性原则。

一个人遇到令人愉快的事情，会产生愉快的情绪，手舞足蹈，欢快地向别人述说自己的内心体验。这样，我们就可以说他有正常的精神与行为。如果不是这样，用低沉的语调向别人述说令人愉快的事情，或者对痛苦的事做出愉快的反映，可以说，他的心理过程失去了协调一致性，成为异常状态。

### 三　个性特征相对稳定性原则

具体说，在长期生活的过程中，每个人会形成独特的人格心理特征。这种人格心理一旦形成，便具有相对稳定性，在没有发生重大外部环境改变的情况下，一般是不易改变的。如果在没有明显的外部原因的情况下，一个人的相对稳定性出现问题，我们也要怀疑这个人的心理活动出现了异常。这就是说，我们可以把人格的相对稳定性作为区分心理活动正常与异常的标准之一。比如，一个用钱很仔细的人，突然挥金如土，或者一个爽朗、乐观、外向的人，突然变得沉闷、悲观、内向，如果我们在他的生活环境中找不到促使他发生改变的原因，那就要考虑他是否出现异常，我们也可以说，他的精神活动已经偏离了正常轨道。

在此，我们进行一个小结：主观世界与客观世界的统一性原则、心理活动的内在协调一致性原则、个性特征相对稳定性原则，这三条就是判断个体心理健康的三个原则，这三条原则也被称为"病与非病三原则"。

但仅凭此三条还是很不够的。因为个体即使行为正常，其健康水平尚有高低差别。因此，研究区分心理健康及其水平的标准，对于人们的心理保健和行为指导有十分重要的意义。心理健康水平的评估标准主要包括：对环境（自然环境与社会环境、内环境）的适应能力，对精神刺激或压力的承受力或抵抗力，代表自我控制和调节能力的控制力，自我意识水平的高低，社会交往水平的高低，在蒙受精神打击和刺激后心理创伤的复原能力，愉快胜于痛苦的道德感等，也是非常重要的研究内容。

（刘邦春）

# 塑造阳光心态，你需要掌握五个妙招

每个人的心里都长着两棵树，一棵是积极树，结满了自律、决心、责任、坚韧、热情、真诚、感恩、合作、善良、理解等优良品质的果子；另一棵树是消极树，结满了自满、放弃、侥幸、虚荣、自卑、懒惰、犹豫、冷漠、急躁等"坏"品质的果子。

在此，我们需要澄清一个误区，消极树是坏树，积极树是好树，坏的需要完全砍掉。实际上，这两棵树对我们塑造阳光心态都有好处。消极树让你准备战斗，远离危险、侵犯和失落，让你更加安全；积极树让你拓展心智，更健康、更长寿、更有创造力、更加幸福。

积极心理学研究表明，积极心态可以替代负面心理，快乐可以缓解心理压力、走出抑郁阴霾，幸福可以指引我们继续前行。如何拥有阳光心态，获得幸福感？以下五个妙招，能帮助你塑造阳光心态。

## 一　关注积极情绪，心里充满正能量

积极情绪就是正性情绪或具有正效价的情绪，比如热情、兴趣、决心、激动、灵感、力量、自豪、专注、幸福、放松、快乐等。当你在体验愉悦、满足、敬畏、自豪、爱等积极情绪时，会在行动上更加积极，更加热爱自己的工作岗位。情绪可以改变我们的思维。你会发现，在积极情绪下，你的思维由于一定程度上的放松而更加发散跳跃。通俗来说，就是脑子更灵活，生理上还会出现肾上腺素等激素分泌水平上升的情况。此时此刻，你会拥有重塑自己生活和身边世界的能力，愿意为更加美好的明天奋斗。

培养积极情绪，需要克服一种被称作"习得性无助"的心态。习得性无助是指一个人经历了失败和挫折后，面对问题时产生无能为力的心理状态和行为。

习得性无助是美国心理学家赛利格曼1967年在研究动物时提出的。他用狗做了一项经典实验，起初把狗关在笼子里，只要蜂鸣器一响，就给予狗难受的电击，狗关在笼子里逃避不了电击。多次实验后，蜂鸣器一响，在给电击前，先把笼门打开，此时狗不但不逃避，而且不等电击出现就先倒在地上，开始呻吟和颤抖，本来可以主动地逃避，却绝望地等待痛苦的来临，这就是习得性无助。

心理学家随后也证明了这种现象在人类身上也会发生。如果一个人觉察到自己的行为不可能达到特定的目标或没有成功的可能性时，就会产生一种无能为力或自暴自弃的心理状态，具体表现为认知缺失、动机水平下降、情绪不适应等心理现象。所以，我们不能轻易放弃，内心要充满希望，即便尝试过多次却换来失败，依然要坚持尝试。

心理学家芭芭拉·弗雷德里克森和她的研究团队发现，若是我们体验到的积极情绪与消极情绪的比值（即积极率）为3∶1，那我们的人生更有可能蓬勃发展，变得丰富多彩、积极主动、心怀使命并且激情澎湃。[1] 做到这一点，可以采用两种方式：要么通过你的行动与思考，来刻意地创造积极情绪和微小的积极时刻；要么在美好的事情正在发生时，让自己停下脚步并注意到它们的发生。所以，我们要一直不停向前奔跑，心怀希望，抓住一次又一次改变人生的机会。

不幸福的人和幸福的人一样，身边都有许多积极的事情发生，但两者的差别是，幸福的人有意识地在美好事情发生时，欢迎这些

---

[1] 参见：弗雷德里克森. 积极情绪的力量[M]. 王珺，译. 北京：中国纺织出版社有限公司，2021。

时刻,不让它们匆匆溜走。有人说,不幸福的人甚至不会注意到进门的时候,有人正在替他们扶着门,因此当你身边正在出现一些美好的事情时,不要错过欢迎并欣赏它们的机会。

## 二 专注投入工作,少计得失比贡献

快乐的人们会投入生活的各种活动中去,并且不会经常像不快乐的人那样感到厌倦或沮丧。他们通常参与某些艰难的、自己感兴趣的事情,这使得他们进入一种"心流"的状态,觉得时间仿佛停止了。

### 心 流

心流(flow)由心理学家米哈里·契克森米哈赖于20世纪70年代提出。心流是一种高度专注于任务,认知效率增强,使人感觉与所从事活动融为一体的深层的内部享受状态。简单地说,心流是乐趣。任何一种日常生活活动——无论社会称之为"工作"还是"休闲",都可能导致心流。那些发现心流在日常生活中经常出现的人,能够过上更愉快、更充实的生活。

无论什么时候,只要我们在专注状态下做某件事情时,就不会注意到身边发生了什么,或者我们觉得时光飞逝,以至于我们不相信一整天很快就过完了,那么,我们便是在做积极的事情,有助于提升我们的幸福感,同时使我们自己变得更好。

专注于工作,在岗位上踏实努力,每天都在进步,赢过昨天的自己,把今天作为最好的起点。感受到日子飞快掠过的地方通常是我们的工作场所,因为大部分人要花大量的时间工作,并且在此期间远离家人和朋友。专注于工作的人不会把目光过多投向他人的晋升而感到内心不平衡,也不会过分计较个人得失,他们会选择更好地审视自己,把贡献和实绩当作自己成长进步的"硬通货",看重自己在岗位上的"贡献率"。

### 三　建立和谐人际关系，内心充满关爱

有爱、有朋友、有温暖将汇聚成巨大的心理能量，足以让你分享喜悦，化解忧伤。正如亚里士多德所言，人是社会性动物。如果说被沉默是一种"情感虐待"，那么融洽密切的人际关系就是个体快乐幸福的源泉。

心理学家对人际关系的研究表明：孤单有害，交往活跃有益身心健康。朋友不在于数量多少，而在于关系深浅。良好的关系不只保护身体，还保护大脑。在对幸福的研究中，最有力的一个成果是：如果一个人没能与他人建立高质量的人际关系，便不能认为是具有丰盈生活的人。数十年来，负责哈佛格兰特研究的医学博士乔治·维兰特发现，在生命后半段，在情感上蓬勃发展的人，会在生活中与家人和朋友构建并保持积极的关系。因此，维兰特总结道："幸福就是爱。"[1]

### 四　思索生命意义，意志顽强重担当

意义是大脑前额叶的产物，是人类智慧和理性创造的感受。有意义的快乐离不开目标与创造，当我们安心工作，设定积极的目标并为之奋斗，勤于创造而非消耗时，就能在向着目标前进的过程中体验温暖而持久的幸福。

心理学家弗兰克尔在二战期间，作为一名犹太人，被关进了曾被称作"死亡工厂"的奥斯维辛集中营，成为少数的幸存者。他在举世闻名的专著《活出生命的意义》中指出，生理需求的满足使人存在，心理需求的满足使人快乐，精神需求的满足使人有价值感。

---

1　参见：维兰特.那些比拼命努力更重要的事[M].刘晓同，牛津，李囡，译.南京：江苏凤凰文艺出版社，2018.

寻求生命意义，获得克服困难的勇气和动力，以积极良好的心态面对挑战。只要我们选择去爱，去渴望，去担责，去勇敢接受厄运的挑战，就一定能找到属于自己生命的独特意义。

我们要学会爱，学会关爱身边的人。我们要学会合作，因为个人力量再大，也需要与他人合作，社会性的人离不开他人的帮助。我们要热爱工作，投入工作，忘我工作，取得成就，获得幸福和欢乐。心理学研究表明，人越是忘记自己，投身于某种事业或献身于所爱的人，越能实现自己的价值。

一个人活着的意义，不能以生命长短作为标准，而应该以生命的质量和厚度来衡量。开拓性、创新性的工作背后不是一路坦途，而是经年累月的能量叠加和反复不断试错、纠错的过程。锲而不舍、坚韧不拔、百折不挠的意志品质是个体追求生命意义的注脚。

## 五　崇尚荣誉成就，爱岗乐业抓日常

崇尚荣誉，是人类最高尚的道德情感，能激发人的使命感、责任感和成就感。成就感是个体站在人生巅峰上所能获得的极大的精神满足。崇尚荣誉一旦成为个体的价值追求，会对个体成长进步和工作产生巨大的推动力。

在平凡的工作岗位上，勤学苦练，做到爱岗敬业、爱岗乐业、爱岗精业。在平凡的工作岗位上，拒绝平庸，活出出彩人生。尊重自己的职业，需要带着一颗真心，用发自内心、油然而生的热爱做好岗位上的每一件工作，用真情实意做好基础性的事情，日积月累，就会收获满满。在平凡的岗位上，用匠人匠心追求完美，抓好日常工作。在平凡的岗位上，带着恒心抓日常。恒心，用接地气的话说，就是"熬"，熬得住才能出彩，熬不住只能出局。

（刘邦春）

# 端午节的心理学秘密,你知道吗?

在五月五"五毒尽出"的日子里,吃粽子、喝雄黄酒、挂艾草菖蒲、佩香囊、悬五色丝、赛龙舟……当我们细细了解后,会发现端午的每个习俗都有其心理意义,其实都与人们的集体焦虑有关。

在荣格心理学中,节日是一种心理能量。这种心理能量既不是唯心的也不是唯物的,是心理、生理、环境、应激事件等等所有因素形成的一个整体驱动力。

面对恐惧和焦虑时,人们会将一些负面情绪压抑到潜意识之中,春节的鞭炮、压岁钱,元宵节的舞狮,上巳节的洗浴,乃至重阳节登高、冬至的驱疫等,都有祛除不祥的意义。

面对恐惧和焦虑时,人们或许会把意识不能接受的冲动、矛盾、情感等负面情绪,压抑到潜意识之中,人们通过仪式来转化和整合这些被压抑着的能量,这就是节日习俗的心理学意义。

人们通过习俗仪式实现焦虑的转化,将对自然恐惧的能量转化,使人们依然保持与自然的联系,消除无力感。接下来我们就聊一聊端午节背后的心理学秘密。

### 一 赛龙舟:祛除对健康问题的焦虑感

赛龙舟是用仪式感来减轻人们对健康的焦虑。在五月这个充满瘴气,容易生病的月份,人们会在竞渡前就准备好祭祀物品,然后在竞渡将要结束时焚香祷告,诅咒厉鬼。而竞渡的船则顺着水流向下游划去,离开人们的视线,谓之"送标"。竞渡就像冬至驱疫鬼一样,用仪式来祓除人们对健康问题的焦虑感。

### 二 佩香囊:表达渴望祥和愿望

佩香囊是人们内心对"戾气"厌恶的转化。五月不仅毒气盛行,而且因为气候原因,人的情绪也会随之喜怒无常,戾气重,消极情绪积压。佩戴宁神静心的中草药香囊,则有化戾气为祥和之效。

### 三 吃香粽、挂五彩绳:期盼阳气刚正

早期的粽子被称为"角黍",是真正的牛角形状,牛角在传统文化中,是非常阳刚的物品,粽子被做成牛角状,也代表着阳气刚正,能够镇压邪气。

民间把五彩绳看成"五彩龙",有驱妖避邪之意。随水冲走的五色绳就会变成小龙,带走你身上的烦恼、忧愁等不好的东西。

### 四 挂艾草、菖蒲:驱邪正阳

艾草、菖蒲都是阳性十足的药物,五月被古人称为毒月,五毒尽出,蚊虫病菌加速繁殖。

《本草纲目》中说艾草"生温熟热,纯阳也。可以取太阳真火,可以回垂绝元阳……",这样的纯阳药物,能够非常好地祛除邪气。《荆楚岁时记》中记载:"采艾以为人,悬门户上,以禳毒气。"菖蒲也是如此,民间甚至有"九节菖蒲"服之驱百邪的说法。

在端午节这样的传统节日里,运用象征性物品,或做一些象征性行为来转化存在于我们生活细节中的焦虑感,借助节日的仪式

感，实现能量转化。负能量少了，积极的心态就更多地伴随着之后的生活，如此良性循环，便是传统习俗仪式感带给我们的心理学意义。

（冯凯）

## 拾好心情再出发

国庆假期转瞬即逝，徐徐秋风带走了夏天的最后一丝燥热，却带不走长假过后的疲态。重回课堂、重回工作岗位的你，是不是总感到没精打采、提不起干劲？是不是因为各项工作没有头绪而感到烦躁甚至焦虑？是不是时常感到夜晚入睡困难，白天又昏昏欲睡，睡眠质量严重下降？

这种怪象令人生厌，想必你一定很想摆脱这种精神不佳的循环，尽快进入状态吧？毕竟收获的季节到了，怎能不抓紧时间提高效率？别慌，其实你只是出现了人人都容易中招的"节后综合征"。

所谓"节后综合征"，是指人们在假期（特别是春节黄金周和国庆黄金周）之后出现的各种生理或心理不适的表现，如节后的两三天里感觉厌倦、提不起精神，工作效率低、焦虑、神经衰弱等。

节后综合征的出现，是由于我们在假期把原来建立的学习与工作的"动力定型"破坏了。再次进入工作日，必须重新建立或恢复已经被破坏了的"动力定型"，因而出现了各种不适应。

需要注意的是，"节后综合征"仅仅只是一种征象，而非一种病症。因此，只要我们正确地进行调节，就可以很快恢复原来体力充沛、精神饱满的状态。

要想调整作息，可以从饮食和运动两个方面入手。可以多食用一些新鲜果蔬、豆类粗粮以及较为清淡的粥水茶饮，这样的饮食有助于养护我们由于节假时期辛辣油腻饮食而负荷过大的消化系统。

也可以适度进行慢跑等有氧运动来调节作息，有利于我们更快地恢复工作状态。同时，合理的饮食搭配科学的运动，也能帮助我们摆脱"逢年过节胖三斤"的苦恼。

随着假期结束，当我们再次回归课堂、回归岗位，由于学习、工作内容进入新阶段，我们难免会感到毫无头绪、无所适从，这也可能是导致"节后综合征"的一大原因。这就需要我们及时归整假期前未完成的工作，同时对新的工作、学习任务进行拆解，拆解出主要目标、时间节点、关系线以及其他相关联的任务和资源。然后静下心来厘清思路，随着工作主线逐渐得到规划，未来一段时间的具体工作内容也能不断细化，你就会发现自己已经能顺利进入一个全新的学习、工作状态了。

寒来暑往，春华秋实，在匆匆前行大半年后，不妨抽空从忙碌中抬起头，把今年还未达成的目标细细规划。拾起好心情，轻松再出发！

（蔡临涵、刘宜祯）

# 培塑积极心态，向摆烂生活说"NO"！

作为一名新青年，你是否常常陷入一种迷茫的状态，不知该如何面对生活，如何去追求自己的梦想？又是否有时候会感到自己的生活很糟糕、很无聊、很平庸，甚至有些人会觉得自己的生活已经很"摆烂"了。如果你也处于这种状态，那么下面四条建议希望能帮助你停止摆烂，活出自我。

## 一　明确自己的目标和梦想

选择摆烂最真实的原因其实就是你不知道自己的目标和梦想。你要问自己：我想成为什么样的人？我想达到什么样的成就？毕竟，没有目标和方向，我们就会像无头苍蝇一样，到处乱撞，最终什么也得不到。正如毕加索所说："如果你有一个目标，你就会有方向；如果你没有目标，你就会迷失。"

因此，我们需要设定一些具体的、可行的目标，比如学习成绩、工作成果、未来规划等等。这些目标需要具体、可衡量，同时也需要有一定的挑战性，这样才能激发我们的动力。

## 二　保持自律

自律是一种良好的习惯，它可以让我们在没有动力的情况下坚持做正确的事情。青年是我们培养良好习惯的重要时期，我们应学会合理利用时间，制订计划并严格执行，不断提升自己的学习效率。

同时，我们可以在日常生活中积极养成良好的生活习惯，从而建立自律的习惯。这样可以让我们更有条理地安排自己的生活，并且可以更好地掌控自己的时间，避免浪费时间和精力。

### 三　保持积极乐观的心态

保持积极乐观的心态是摆脱摆烂生活的重要手段。诗人罗伯特·弗罗斯特曾说过："有两个人看到同样的东西，一个人会感到绝望，另一个人会感到希望。这就是态度的差别。"保持积极乐观的态度可以让你更加自信，更加勇敢地面对生活中的各种挑战；相反，采取消极的态度则会得到完全不一样的结果。生活中难免会遇到挫折和困难，但是我们不能因此而放弃自己的梦想和目标，我们需要积极面对他们。正如美国前总统罗斯福所说："不要害怕失败，只要你不放弃，就一定会成功。"

保持乐观的态度，遇到问题积极寻求解决的办法，勇敢面对挑战，由此我们就能得到不断的学习和成长。

### 四　学习新技能和知识

学习新技能和知识可以帮助你提高自己的能力和竞争力，从而在工作和生活中更加成功。不断学习新知识，才能不断获取新的机会。学习是一个终身的过程，无论是学习新的职业技能，还是学习新的生活技能，都可以为你的未来打下坚实的基础。

我们应该保持学习的热情，不断学习，不断进步。不仅要注重学业上的学习，还要注重自我提升和职业素养的培养。通过阅读、社交、实践等方式，不断积累知识和经验，提高自己的综合素质。

迷茫不可怕，重要的是我们要学会如何面对迷茫。一味地选择摆烂只会荒废你的生活。我们只有正视迷茫，打破摆烂生活的"枷锁"，找回内心的追求，才能发掘自我的潜力。

成功不是一个目的地，而是一段旅程。我们需要不断地努力、不断地前行。只有不断地尝试和努力，我们才能够在正确的道路上前行，最终走向成功。

（付威威）

## 以勇敢之名，向光前行

我们每个人的生命中都会有一束光，当我们经历各种各样的挑战和困难，当我们面对各种各样的绝望与困境时，我们总会看见它。它在一瞬间给了我们无穷的勇气，让我们热血沸腾，敢于向那片黑暗发起冲锋。

但有时候我们会感到沮丧、失望甚至心碎，那个时候眼泪就成了一种情绪的释放。然而，真正勇敢的人并不因为流泪而退缩，相反，他们敢于面对困境，保持积极向前的态度。

流泪是一种情绪的体现，它能够帮助我们宣泄内心的痛苦和压力。当我们忍不住流泪时，其实是在释放内心的负面情绪，让我们能够更好地面对问题和挑战。勇敢的人知道，允许自己表达情感，他们就能更好地治愈自己内心的伤痛，并且重新找到力量来继续奔跑。我们每个人都哭过，哭过的人都有一种感受：大哭过后，空气都显得清新了许多，而且也没有之前那么痛苦了。

勇敢的人在困境中能够保持积极乐观的心态，将困难视为机遇。他们明白，流泪只是长途跋涉中的一站，而不是终点。他们用内心的力量培养自己的坚强意志，并且不断寻找改变和成长的机会。

因此，无论是在学业上的挑战、人际关系中的问题，还是生活中的困扰，我们都可以从勇敢的人身上学到很多。勇敢的人不是不流泪，而是敢于含着眼泪继续奔跑，他们通过面对情感的释放获得内心的治愈，并练就坚韧不拔的毅力，展示了一种积极向上的心理素质。

　　无论何时何地，当我们面对困境时，让我们铭记这句话：要敢于含着眼泪继续奔跑，尽管我们可能会跌倒，但我们会更加勇敢地站起来，继续向前。因为真正勇敢的人并不是不敢流泪的人，而是敢于用泪水润泽自己的心灵，同时坚定地迈向未来的人。

（徐升）

# 走出低效勤奋，建立人生正循环

现实生活中，我们常见到这样的人：他学习非常努力，工作非常勤奋，但收获甚少、表现平平。有的人也常常觉得苦恼，明明自己已经很努力、很拼了，为什么结果总是不尽如人意？究竟是哪里出了问题？

原来问题就出在了"勤奋"上。因为他们只知道在最原始的方法的基础上进行努力，即所谓的"低效勤奋"。

低效勤奋掠夺的不仅仅是我们宝贵的时间，更可怕的是它会蒙蔽我们的心智，使我们陷入内耗之中，越努力越迷茫，越努力离想要的越远。

那么，怎样才能避免低效勤奋，建立人生正向循环呢？

## 一　认清问题，才能解决问题

在生活中，遇到困扰时，能清醒面对，勤于思考，找到问题的本质，自然解决起来更容易。

在此分享一个小故事：有两个园丁，各自经营着自己的花园。一个花园杂草丛生；另一个花园鸟语花香，生机勃勃。凑近了观察，你会发现两个园丁很不一样。第一个园丁，边拔草边咒骂着，累得汗流浃背。第二个园丁轻松惬意，正悠闲地躺在一棵大树下，哼着小曲。为什么干着一样的工作，两个园丁的花园差别会这么大呢？原来，漂亮花园的园丁起初也是一刻不停地除草，不得空闲。但他很快发现了问题，他再辛苦，杂草也拔不完，他处理完这一片杂草，另一片又长了起来。后来，他终于想到了一个好办法，在花园里种下一些比杂草生长速度更快的花草植物。这些植物生长起来后，杂草消失了。从此，他过起了悠闲的生活。漂亮花园的园丁是不是很幸运？如果他只是一味埋头清理杂草，结果又会是怎样呢？想必和另一个园丁一样吧。

无论做什么工作，解决什么问题，都要清醒地进行思考，认清问题的本质，在方法论上多努力，从而放大自己努力的成果。任何痛苦事件都不会自动消失，即使再小的事情也是如此。想不被困扰，唯一可行的办法就是正视它、看清它，继而拆分它、解决它。

## 二　目标聚焦，方可事半功倍

哈佛大学有一个非常著名的关于目标对人生影响的跟踪调查，被调查对象是一群智力因素、学历水平、家庭环境等条件都差不多的大学毕业生。结果是这样的：

第一类人：没有目标，在人群中占比约 27%；

第二类人：目标模糊，占 60%；

第三类人：有清晰但短期的目标，占 10%；

第四类人：有清晰而长远的目标，占 3%。

之后他们开始了职业生涯。25 年后的跟踪调查发现，第四类人的职业与生活状况发生的改变是最大的。有清晰而长远目标的人，几乎都在为实现最初定下的人生目标做着不懈的努力，他们几乎都成了社会各界顶尖的成功人士。

第三类有清晰短期人生规划的人，25 年后大都生活在社会的中上层。他们的短期人生规划逐一变成现实，生活水平持续上升，成为各行各业不可或缺的专业人士。

第二类目标模糊的人，则几乎都生活在社会的中下层，他们有些有着安稳的工作和生活，但都没有什么特别显著的成绩。

第一类没有目标和规划的人，几乎都生活在社会的最底层，经济状况糟糕，经常处于失业状态。

所以说，目标就是对人生的精准聚焦。聚焦于目标层次的努力，致力于选择做什么、不做什么，以及背后的价值判断。当完成了这个聚焦，消除了内耗，全力以赴，将时间和注意力投入到这个点上，那么命中目标、成就卓越就是水到渠成的事。

### 三　及时复盘，才会持续精进

商界传奇人物柳传志，从中国科学院计算所一间12平方米的传达室起家，创业40年，成就了百亿美元市值的企业集团。柳传志能够获得这些成功，其中一个很重要的原因，就是柳传志把"复盘"作为联想管理的三大方法论之一，把复盘融进了联想的企业文化中。柳传志说：我们的学习，30%是跟书本、跟他人学，70%是跟自己学。跟自己学，就是对自己的复盘。不管跟他人学还是跟自己学，都有一个悟的过程，只有自己悟到的，才能真正成为自己的知识经验。

及时复盘，比只顾着赶路更有意义。从过往的人生中，总结经验，汲取教训，可以使我们避免低效的重复。

勤奋有三重境界：低效勤奋靠努力，中等效率勤奋靠方法论，高效勤奋靠选择目标。

当下的很多人往往处在"低效勤奋"状态：不愿意清醒地思考，在方法上精进；不懂得聚焦，在目标上专注；不善于复盘，在结果上大打折扣。这样的人生，势必会内耗不断。

走出低效勤奋，聚焦目标，完善方法，做长期的正确的努力，消除内耗，人生才能进入持续向上的正循环。

（王鹏远、葛益彤）

## 从容不迫，热爱可抵岁月漫长

我们生活在一个快节奏的时代，快节奏的工作，快节奏的学习，甚至是快节奏的生活。面对越来越激烈的行内竞争，越来越消耗自我的内卷，你是否感觉精神焦虑，疲惫不堪？是否越来越质疑自己到底能不能跟上大部队的节奏？是否已经对现在日复一日的生活失去热情？

无需过度焦虑，任凭外界如何变化，我们都要保持从容不迫的心态和对生活充满热爱。

古代隐士坐看天边云卷云舒，看庭前花开花落，宠辱不惊，心淡如水，季羡林在《时间从来不语，却回答了所有问题》中说："人生在世一百年，天天有些小麻烦。最好办法是不理，只等秋风过耳边。"这实际上就是一种从容不迫，泰然处之的人生境界。

我们每个人的人生难免会有起伏，既有巅峰也有低谷，当我们得意之时，难免心高气盛，当我们失意之时，又经常自卑自艾。无论是顺境还是逆境，我们都要多点平常心。

唐代诗人王维晚年官至尚书右丞，职务不小，宦海浮沉，仕途艰险，他却保持着淡然处之的人生态度，写下"行到水穷处，坐看云起时"的佳句，这是人生的智慧。当我们走到人生"穷途末路"的时候，是选择绝望的穷途哭返？还是"坐看云起时"，享受从容不迫，淡然处事的人生境界呢？答案是不言而喻的。

事事从容不迫，好像生活会显得平淡无趣，但我以为，热爱可抵岁月漫长。汪曾祺在《人间草木》中说："一定要热爱点什么，恰如草木对光阴的钟情。"在我看来，热爱正如甘霖，可以治愈疲惫不堪的心灵，热爱可抵岁月漫长，可以陪伴人生的无数风雨。

正如《翻滚吧！阿信》中具有体育运动天分的阿信，在偶尔的机缘下被体操所吸引，并逐步踏进体操的世界，即使是异常艰苦的训练都能坚持下来。然而因为母亲反对，他黯然退出，混迹社会时误入歧途，经历失去挚友的痛苦，孑然一身的他却始终没有放弃自己对体操的热爱。最后他重拾梦想，浪子回头，通过非常人能承受的训练完成了高难度的动作，对体操的热爱让他站在了冠军的领奖台。

我们的生活并非每天都异彩纷呈，甚至有时候是痛苦坎坷的，日复一日，年复一年，是什么让我们享受今天期许明天呢？答案是对生活的热爱。

当我们热爱我们的事业，我们将斗志昂扬，正如梁启超在《饮冰室文集》中写道："十年饮冰，难凉热血。"他将此作为自己的座右铭，悬挂于卧室，昭示救国于危亡的理想和抱负，是遇到任何苦难都不能阻止的。

当我们热爱一项运动，我们将收获酣畅淋漓的快感，得到超越自己的满足感，能够听清自己内心的声音：我为什么要坚持下去？我要走什么样的路？为什么要走好选择的路，不选好走的路？……

当我们热爱我们的生活，那么生活处处都是精彩，不起眼的小事也是我们的生活里不可或缺的宝藏，哲学家弗里德里希·尼采说："生活的收获是生活"，它意味着生活就是一件单纯而又幸福的事，我们孝顺却不为亲情活着，我们畅谈人生理想，却不活在虚无里。恰如草木钟情阳光，所以欣欣向荣，我们都需要对生活饱含热爱,才可以充分体验生而为人的快乐。

"任凭风吹雨打,我自闲庭信步",在漫漫的时光里,热爱可抵岁月漫长。

(徐春、周思言)

# 内心丰盈者，独行也如众

在日常生活中的很多时候，我们与他人在一起，一起学习，一起锻炼，一起工作。然而，有时候我们也会处于"独行"状态。这种"独行"状态可能是因为性格原因而被动形成的，也可能是因为工作、学习等原因而主动选择的。

当脱离集体的安全罩，需要独自一人行动时，你是否会感到孤独呢？又是否会因孤独而感到局促不安呢？

美国心理学家大石繁宏和艾琳·韦斯特盖特发现，一个人生活的主观幸福感以及个人价值的实现，都与一个至关重要的个性特征相关——内心丰盈。[1] 心理学家发现，内心是否丰盈直接决定着人们对待"独行"的态度。精神的充实、内心的力量会给人们带来自信与勇气，让人们能够更从容地面对那些"独行"时刻。

### 什么是内心丰盈？

内心丰盈指的是自己有一个强大的内心，不会被外界一切是非所影响，自己有自己的想法和主见。

大家可能看到过这样一个小视频：视频中的男生没有舞伴，一个人跳双人舞，没有一点的局促与尴尬，反而那么从容，好像不曾失去舞伴一样。

---

[1] 参见：OISHI S, WESTGATE E C. A psychologically rich life: Beyond happiness and meaning[J]. Psychol Rev, 2022, 129(4): 790—811。

在我们的身边，也有很多像视频中独舞的男生一样内心丰盈的人。他们有什么特点呢？

内心丰盈的人，不会因为外界的误解、世俗的偏见而痛苦和纠结。他们总是坚持为自己想要的而努力，也不为失败沉沦；他们喜欢简单的生活方式，身上没有过多的装饰，也不追求虚荣的繁华，擅长在人生的关键时刻做减法；他们不断适应环境，与他人和世界安然相处；他们始终爱自己，爱他人，爱世界。

内心丰盈的人会意识到，生活中并非都是一些积极的经历，在最糟糕的情况下，自己也可能会遭受创伤。追求内心的价值，会让他们有直面创伤的勇气。而且，他们更能够发现生活中有趣的事情。他们接纳真实的自己，愿意改变自己，始终爱自己、爱他人、爱世界。

三毛是一位内心丰盈的女性。远在物质极其匮乏的撒哈拉沙漠里，即使住在坟场旁边，她也能用废品将自己的小屋打造成"最美丽的家"，把生活过得像花儿一样明艳灿烂。

"天眼之父"南仁东，浪漫又坚定地追求着他的目标。那个从小爱看星星的少年，多年后真的成了那个关注天空的人。反观当下某些网红人物，纵使有着丰富的物质条件，却内心荒芜，低俗自负，不免要遭人鄙夷乃至唾弃。

那么，如何做一个内心丰盈的人？

### 第一步：探索自我，接纳自己

作为社会中的人，我们渴望他人的、社会的接纳。但同时，由于潜在的刻板印象的存在，我们很容易进入一些认知误区。举个例子，我们以为：我必须足够漂亮，别人才会爱我；或者只有取得好成绩，父母才会喜欢我。这就是心理学家罗杰斯所说的"价值的条件化"。

然而，生活在几千年前的哲学家苏格拉底就曾说过："承认自己的无知是人最大的美德"。不断探索自我，坦然面对真实的自己。接纳自己，不仅要接纳自己的优点，也要接纳自己的缺点。承认自己的有限，同时又不放弃自己的主观能动性。

### 第二步：充实自我，感受美好

"没有足够的积累，你就无法创造"这对我们的心灵同样适用。心灵是对外界的反射，是对外物的观察、感受、思考。正如奉行"物资至简，灵魂丰盈"的梭罗所言，"活过每一个季节，呼吸空气，喝水，品尝水果，让自己感受它们对你的影响"。

即将到来的春节假期，你会怎样度过呢？去学习感兴趣的新技能？去旅行，见识大好河山，体味人文风韵？早起锻炼，饭后散步？与亲友相聚，唠唠家常？和书籍、电影、音乐亲密，增加自己的感受力，滋养心灵？或者去菜市场走一趟，亲手制作美食？还是带上眼睛走一圈，记录美好的时刻……我相信，热爱生活的你，一定会迫不及待地去体验以上的种种美好，充盈你的心灵！

### 第三步：确定目标，全心投入

有的人内心是由热爱生活的态度所充实的，而有的人内心更是用理想充实的。在电视机里看到航天英雄杨利伟圆满完成我国首次载人航天飞行任务，在蔡旭哲心中飞天梦的种子就开始生根发芽。有了这个目标，他拼尽全力，努力十二载，终于飞天梦圆。

积极心理学家发现，当人们专注于一项自己感兴趣的事情时，即使过程艰难，也会感到充实而又愉快，甚至觉得时间仿佛停止了一般。这种状态被称为"心流"。因此，我们需要为自己确定一个目标，然后全身心地投入其中，让自己短暂的人生变得更有意义。为了理想奋斗，内心无比宽阔！

作家周国平曾说:"人生任何美好的享受都有赖于一颗澄明的心,唯有内心富有充盈,方能从容抵抗世间所有的不安与躁动。"内心丰盈,就是让自己内心充满爱、充满平和、宁静和喜悦,而这些东西不是到外界去求,而是向内探寻。祝你也拥有内心的丰盈,方有从容面对一切的勇气。不惧怕生活中的平凡,自始至终地热爱生活!

(张官华)

chapter 2
第二篇

# 情绪管理

在快节奏的现代生活中，人们时常会遇到各种或常规或突发的事件，由此产生不同程度的情绪波动，更有甚者因情绪来得过快、过于强烈而发生情绪失控的情况。情绪管理，就是在面对生活和工作中的种种挑战时，有效掌控自己的情绪，从而保持积极、稳定的心态，以达到更好的生活质量和工作成果。

本篇收录了二十篇文章，围绕如何正确应对精神内耗、什么是情绪管理、情绪管理有哪些技巧和方法、怎样应对挫折等主题，分享了情绪管理有关的心理学原理以及改善情绪、自我管理情绪的实用技巧，为提升自我认知和情绪管理能力，更好地应对生活中的各种情绪波动和挑战提供参考。

# 培养钝感力，克服玻璃心

"钝感力"可解释为"迟钝的力量"，它虽然给人以迟钝木讷的印象，但它可以把柔软变成坚强，帮助我们从容面对生活中的挫折伤痛，是我们赢得美好生活的手段与智慧。相对"玻璃心"而言，拥有钝感力的人更容易在竞争激烈的现代社会立足。那么在生活中，如何克服玻璃心，提升自己的钝感力呢？

## 一 模糊不必要的想象

有些人之所以会玻璃心，是因为对于外界的一切过于敏感，对一件本来没有发生的事情，总是往坏的方向猜想，导致情绪过于内耗，心情低落。其实，有些问题根本不存在，是我们自己想象出来的。

因此，克服玻璃心，就要停止这些毫无根据的猜想，关心当前眼下的生活和工作，做好自己分内的事，不要给自己假定"观众"，减少过度的分析和意会，让敏感和钝感保持平衡。

## 二 换个角度看问题

当面对一个出乎自己意料的结果时，我们可以换个角度去看待问题。比如，被领导批评后，不同的人有不同的看法。甲认为：自己工作干得不到位，以后要更加努力。乙认为：自己已经很努力了，还被批评，心情很沮丧。丙认为：领导今天心情不好，见人就批，同事被批评得更惨，自己还算好的了。

因此，换个角度看问题，可以降低对事情的过度反应，避免让这些意料之外的挫折或插曲成为继续前进的阻碍。

### 三　时常剖析自己的内心

尼采说："无需时刻保持敏感，迟钝有时即为美德"。当自己因为一时失意而消极自责、脆弱敏感时，我们可以从内心深处问问自己："我是不是陷入了思维误区？"客观分析问题，有意识地战胜悲观情绪。通过时常自我剖析，锻炼自律、自省、自强，强大自己的内心，将玻璃心钝化，做一个积极向上、阳光开朗的人，保持良好的心态。

### 四　笑对冷言冷语

在我们身边，经常会发生被别人的冷言冷语中伤和刁难的事情。当发生这种事情时，不论别人是好意还是恶意，不要用别人的过错来惩罚自己，试着调整自己的心态，把别人的冷嘲热讽化为向上的力量，专心努力干好自己的事情，最终让别人心服口服。当你比别人强一点儿的时候，别人会嫉妒你，当你比他强太多的时候，他就只有敬佩的份儿了。

### 五　增强环境适应力

敏感用于做事，钝感用于做人。工作中，要保持敏感、投入，这样才能提高效率，避免错误。在人际交往中，要保持钝感，降低周围的干扰，学会用自己的钝感包容他人，多理解他人，少一点争执，多一点微笑。在职场中，不管走到哪里，如果改变不了环境，就接纳环境，用自己的钝感力抵御周围环境带来的不适感，提高自身适应环境的能力。

人成长的过程也是钝感力不断提升的过程，钝感力让我们更多地感受到生活的宽广和爱。把心打开，去触碰、去了解、去连接，面对人生潮涨潮落、成败得失，我们应该能做到不慌不忙，温柔而坚强。

（马永强）

# 正视精神内耗，堵住心灵"漏油点"

你是否经常陷入自我怀疑和自我否定的怪圈，在脑海中无数次复盘已经发生的事情，对自己在过去某时刻的言语或行为懊悔不已，或者对未发生的事情做反复预演与推测，设置各种突发情况，不断臆想外界对自己的各种评价……明明什么都没做，思维仿佛已经绕地球走了好几圈，感觉"心累"。当心，你很有可能成了"精神内耗"大军中的一员。

**精神内耗**

精神内耗，又叫心理内耗，是指人在自我控制中需要消耗心理资源，当资源不足时，人就处于一种所谓内耗的状态，内耗的长期存在就会让人感到疲惫。这种疲惫并非身体劳累导致，而是一种心理上的主观感受，是个体在心理方面损耗导致的一种状态。

精神内耗就像是在你的精神世界里有两个小人，这两个小人观点不同、理念不同，因此吵得不可开交，不断相互拉扯。在这个过程中，人的心理资源就会被消耗。精神内耗者往往有几个明显特征，主要表现为：

1. 心里向往着优秀的自己，可行动起来心理障碍很大，明明已经做了大量准备工作，临场却陷入犹豫，既渴望展示自己又无法摆脱恐惧心理，内心一直在去与不去之间来回摇摆，拿不定主意。

2.对某些并不重要的点过分纠结，内心无限放大其影响，十分介意他人对自己的看法，容易被他人左右情绪，经常被消极情绪笼罩。

3.过分追求完美，总是给自己制定严苛的标准或较高的目标，自我相对封闭，遇到问题不愿意请教或求助他人，而是自己闷头钻研，经常给自己施压而无处宣泄。

4.遇到挫折的时候容易陷入自我否定，总觉得自己很差劲，在与他人的反复对比中心理逐渐失衡，失去学习生活的动力，甚至失去独立的人格。

长期精神内耗的人通常会心情波动大，情绪不稳定，快乐感减少。精神内耗不单单影响心情，还会危害身体健康、影响生活质量。身体、心理双重受影响，一个人的价值感也很难体现，生活慢慢也会变成灰白色，没有了生机。

严重的精神内耗就像一个漏油点，使我们的心理资源逐渐流失，如果一时间不能完全摒弃，我们就要做到正确对待，积极自我调节。

## 一 认真审视自我，活在当下

当我们还不够清晰地认识自我时，我们碰到问题时会产生许多的矛盾与纠结，从而形成"内耗"。其原因是两个体系在我们脑子内发生冲突，抑或是我们根本没有自我体系。只有在生活中不断地学习、经历，不断地认识自我，我们才会更加了解自己，才会更加熟练掌控自己，才能更加全面地发展自己，从根本上解决"内耗"问题。挖掘自己的本真，认清自己的能力、自己的意义，面对不同的自己，要学会转换心态，学会接纳。我们大多数时候的过度思考都在做两件事：反刍过去和焦虑未来，就是没有集中在当下。过于担心明天，今天也会变得不开心，不妨试着着眼当下、活在当下、享受当下。

### 二 正确对待别人看法，客观清醒

学会客观分析自己，正确对待别人对自己的看法和说法，正确对待自身的缺点和错误。不要过多在乎别人对你怎么看，要学会关照自己的内心。每一个人因为人生阅历和价值观的不同会有不同的判断标准，想法也会千差万别。你认为这支笔好看，他可能认为这支笔花哨，没必要因为"他认为"就丢掉"你认为"，不要让他人的评价轻易影响情绪。归根到底，你是自己的主人，你的心由你管！

### 三 设立可行性目标，行动起来

正确判断自己的价值，专注于力所能及的事情可以放大和增强我们的力量，也会减少精神内耗。学着设立一些可以帮助你的人格更加独立健全的积极目标，或者将一直以来困扰自己的、没有去处理的事情列出来并排序，找出前三个仅仅依靠自己就能完成的事情试着去做，比如，勇敢表达一次自己的观点、学会一种运动方式等。就像执业心理学家盖伊·温奇在《情绪急救》一书中提到的：通过从事那些我们感兴趣或者需要集中精力完成的事情来分散注意力，可以扰乱或者终止反刍思维。

### 四 不要过分追求完美，悦纳自己

每个人都希望自己是完美的，追求上进本无可厚非，过分的苛责却不可取。金无足赤，人无完人。发现自己的不完美，停止对自己的指责，接纳自己生而为人局限下的无法完美，循序渐进积累心理资源，强健体魄、丰富知识、构建社会支持、提高经济能力、丰厚人生阅历。做一件当下让自己感觉愉悦的事情或进行一项体育运动，让多巴胺、内啡肽去提升我们内在的幸福感和愉悦感。睡前回顾一下今天又做了哪些减少精神内耗的事情,在内心给自己点个大大的赞。

面对精神内耗,一味逃避或是依赖他人,解决不了问题。只有直面困境,正视精神内耗产生的根源和作用机理,抱着谦逊的姿态,懂得自己并不完美,一步一步对症下药,堵住心灵"漏油点",才是降低自我消耗最好的方式。希望我们都能减少内耗,接纳自己,走出困境,收获精神自由!

(程子萌)

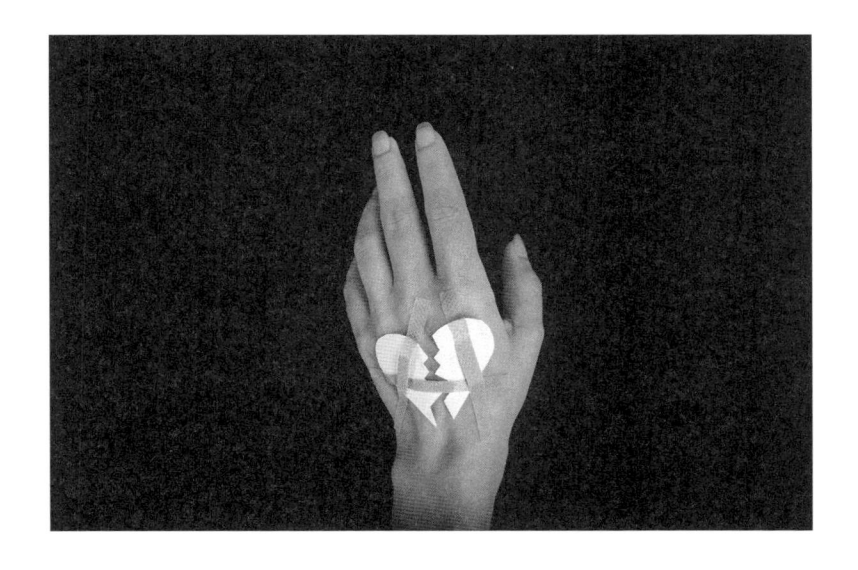

# 消除负面情绪，可以试试这三招

心理自助的本质是在自我意识的控制下，积极寻求自我帮助和自我发展的方法，有效地促进生理、心理和社会适应，保持身心和谐状态，促进身心发展。实施心理自助计划，通过心理自查、心理自助原则和心理自助方法解疑释惑。今天我们给大家推荐一些方法，引导不管是大学生还是在社会上工作的你选择符合客观条件和自己喜欢的心理自助方式，助你更有效地促进心理自助。当人的积极力量增加时，人性的消极方面就会受到抑制或消除。"互助成长"志愿服务活动可以引导大学生积极参与社会实践，激发他们承担责任和使命的积极性，使他们从关注自己转向关注他人，力所能及地服务社会，消除负面情绪，积累积极正能量。

通过调节与事件相关的躯体和情感反应，从而减轻应激事件带来的不良影响。个体的应对方式对身心健康具有显著的作用，因而鼓励个人进行自我调适，如适量运动，学会通过正念、瑜伽、冥想等方式进行情绪自我调节等。保持积极乐观的心态，保持生活规律，保持充足的睡眠，丰富规律生活，提高心理免疫力。

## 一　适度活动、情绪宣泄

尽管你的生活空间受到了限制，但你仍然需要通过安排一些活

---

\* 本文于 2024 年 12 月 4 日发布在"我们的太空"微信公众号。

动来获得对生活的掌控和愉悦的感受。当你悲伤、低落时，或者因为恐慌而时刻关注着疫情的发展和自己病情的变化时，就需要通过安排更加丰富的活动来防止情绪的进一步恶化，这也可以改变消极的情绪。

一是回顾自己近期的日常生活，是否存在活动较少的情况，比如，每天卧床时间多于 8 小时（特殊的医疗要求除外），活动次数少于 3 次，长时间看手机等，这时可以安排比如每天走 2000 步、打太极拳或八段锦、完成 3 项家务、读书、听音乐等活动。

二是如果觉察到自己的情绪变化时，就需要寻找合理的途径宣泄情绪，允许自己表达脆弱。可以每天用 5～10 分钟，将当下脑子里的想法和感受写下来，给家人、朋友发微信或通过语音、视频通话倾诉；听喜欢的音乐、画画等。如果感到难过、悲伤、绝望，也要允许自己通过哭泣的方式来抚慰心灵。

三是与自我对话，自我鼓励。身为人类，我们都有一种自言自语的特殊能力，不论是大声的还是无声的自言自语，你都能利用这种能力，训练自己克服挑战。可以试试这么告诉自己："它可能不好玩，但我可以应付它""这会是一段很重要的经历""我不能让焦虑和生气占上风"。

## 二　营造安全感

尽管疫情依然很严峻，存在很多未知的风险，但是通过积极关注，可以帮助自己重建安全感，可以更有力量地面对这场"战斗"，缓解疾病带给自己的心理压力。

第一步：当你被隔离在家或者住院的时候，可以尝试观察和关注所处环境中能够带给你安全感的信息，比如，严格防控的住院环境、积极响应的医护人员、自己实施的防护措施、国家和社会对疫病治疗的物质支持、症状所得到的部分改善、心理压力的减轻。

第二步：重复告知自己这些已经找到客观存在的安全信息，不断地暗示能够调整自己的灾难化、绝对化的消极认知。

第三步：注意体会当自己完成前面两个步骤的时候，自己体会到的安全感所发生的变化，这种变化可以是很轻微的，也可能是强烈的。

### 三　尝试放松自己

如果你想使自己保持平静，请使用简单的方式，例如，深呼吸，从 1 数到 4，然后缓慢地呼出气。正念冥想被证实可以提高人的免疫力，促进康复。借助提供冥想相关指导的 App，可以每天花点时间练习，回到当下，关注呼吸，将注意力锚定在腹部、鼻腔，或者双脚与地面接触，进行自然而缓慢的腹式呼吸，疏解压力，改善情绪。

第一步：合上双眼，用一个舒服的姿势平躺或者坐着，轻轻闭上嘴，用鼻子缓缓吸气，心里默念"吸"。吸气的时候不要让胸部感到过度的扩张和压力。

第二步：用鼻子缓缓地呼气，心里默念"呼"，呼气的过程不宜过快。

第三步：在反复的呼吸过程中，尝试将注意力放在自己的呼吸上面，感受气流与鼻腔之间摩擦的感觉、鼻腔内温度的变化。

第四步：重复前三步，保持 5 ~ 15 分钟，如果这个过程中注意力无法一直集中到呼吸上，这是很正常的，不必为此勉强或自责。

（颜世新）

# 稳住自己，拒绝情绪内耗

作家七堇年在《尘曲》里有一句话："凡心所向，素履以往；生如逆旅，一苇以航。"对啊，凡是我们心中所向往的地方，即使是穿着草鞋也要前往；生命犹如逆行之旅，即便是一叶扁舟，也要一如既往地启航。突如其来的疫情，打破了我们习以为常的生活，揭开了一场没有硝烟的战争的帷幕，很多人产生了浮躁的情绪。

美国心理学家费斯汀格认为，"在生活中 10% 的事情由你现在发生的事情组成，但是另外 90% 则是由你对事情做出的反应而决定的。"我们需要稳住自己，控制住自身的情绪，才能做出准确的判断。

## 一　学会释放，拒绝压抑情绪

我们似乎都有过这样的经历，尽管前一晚彻夜未眠，第二天还是要强打精神去工作。虽然内心十分悲伤，但碰到朋友还是要面带微笑地打招呼。表面上我们总是佯装风轻云淡，内心却早已波涛汹涌。

著名心理学家弗洛伊德曾说："未被表达的情绪永远不会消失，他们只是被活埋了，有朝一日会以更丑陋的方式爆发出来"。我们总是习惯性地认为情绪就像食物一样，早晚都会消化。恰恰相反，压抑的情绪会在不知不觉中吞噬我们的健康，长久的压抑会一步步伤害我们的生活。情绪是我们不可或缺的一部分，我们需要用它来调

---

\* 本文于 2023 年 1 月 1 日发布在"我们的太空"微信公众号。

节生活。当我们经历背叛后，可以依然坚信人性美好，也可以向太空呐喊，释放愤怒。当我们经受挫折后，可以微笑着整装前行，也可以在无人的夜晚放声大哭，释放悲伤。只有懂得释放，让情绪自然流露，才能拥有健康的身心。

### 二 管理情绪，做情绪的主人

拿破仑曾说："能控制好自己情绪的人，比能拿下一座城池的将军更伟大。"人生的状态，都是由情绪改变的。当一个人可以控制好自己的情绪的时候，他才能控制自己的人生。情绪管理不好，我们会很痛苦；我们的生活痛苦，状态不好，我们都会过不好。控制情绪，做情绪的主人，不轻易发怒，是一个人很了不起的定力。

面对不良情绪时，有许多情绪管理方法，例如，心理暗示法、注意力转移法、适度宣泄法、自我安慰法、交往调节法、情绪升华法等。当感到情绪低落时，不要自己一个人扛着，向亲近的人倾诉真实的感受，可以宣泄情绪，获得安全感。可借助这一时机，多与家人、朋友沟通交流，充分表达自身的感受和需求，相互鼓励与支持不仅能够减轻孤独感，也能增强战胜疫情的信心，增进情谊。也可以和朋友一起适度地打游戏，或是洗个热水澡、看电影、听歌、烹饪，以此来转移自己的关注点，缓解低落情绪。适当运动不仅是一种肌肉的锻炼，也是一种情绪的放松。居家隔离操、防疫健身操、胜疫导引操等可以充分锻炼头部、肩部、腰部、腿部等身体部位，缓解身心疲劳，释放不良情绪，又提高学习效率。

### 三 平静内心，停止情绪内耗

无人问津也好，技不如人也罢，尝试安静下来，去做自己该做的事，而不是让烦恼和焦虑毁掉你本就不多的热情和定力。陈赞在《静心》中提到，"生命的极致，一定是简与静，美的极致，一定是素与雅"。当你没那么强烈渴望的时候，也就不会因为没有得到而伤心难过了。有一句话说：静能生文，文能生慧。唯有"静"才能让内心更加笃定与从容，才能坦然面对人生中的挑战。

面对疫情或者不如意的事情发生，大家可能会感到恐慌、焦虑，无法平静自己的内心。所以最好离开问题现场，或者做些别的事情，冷静处理一下，等到情绪放松下来再解决相关事情。烦躁不安时，不如写上几笔字，画上几笔画，驱除心中的浮躁之气，长期坚持，更能净化身心。当你沉浸到书中内容时，你的心便会随之而平静下来，什么恐慌、焦虑，统统都被抛到了脑后想不起来。读书也可以丰富你的知识，充实你的生活，可谓是一举两得。

### 四　稳住自己，拨开云雾见光明

快节奏高消耗的生活虽然给人们带来了更好的物质，却也带来了更多的情绪问题。考试不理想、工作不如意、感情不顺心、家庭不和睦等问题，各式各样的压力堆积在一起会让我们的情绪在一瞬间崩溃。如果我们暂时什么都做不了，那么，就先稳住自己的心态。

人，是需要"东风"的。如果是"逆风"，却强为、妄为，结果往往是白费力气；等"东风"到了，再乘风而起，更容易一日千里。有些人因为太过急躁，在"东风"到来之前，便早早选择了放弃。稳住自己不仅仅是在工作生活中，平时打游戏的朋友应该很清楚，对于逆风开局，只有稳住心态，默默升级，才可能找到翻盘的机会。

所处的困境什么时候能结束？谁都给不了我们准确的答案。我们能做的就是稳住自己，坚持"咬定青山不放松"，以积极的态度和乐观的心态，来滋养自己的灵魂，就必然可以等到"拨开云雾见光明"的那一天。

（贾玉童）

# 积极应对，笑对焦虑

你是否时常受困于这些苦恼：

纵使平日鼾声如雷，在考试来临前的那个夜晚，你也会辗转反侧、彻夜难眠？

纵使平时落落大方、举棋若定，当你需要当众表达时，仍难以抑制地紧张发抖、目光飘忽不定？

纵使经过了漫长的学习训练，已经掌握了扎实的技能本领，当你需要独自承担重要的任务时，你仍会不自信，充满担忧？

我们通常把上述情形归结为焦虑的表现。

然而，我们真的了解焦虑吗？

### 揭开焦虑的神秘面纱

焦虑是一种综合性的负性情绪，是人们对可能造成挫折的情境认知偏差所带来的不愉快体验，充满了对于未知的不确定和担忧。对于已经发生的事，无论这件事情好坏与否，我们都不会太囿于这件事本身，因为我们会告诉自己，木已成舟，再多的情绪也于事无补了。但对于未知或是没有把握的事，我们却会止不住地产生焦虑情绪。

### 对焦虑的焦虑有损健康

当我们意识到自己的身心已经处于焦虑状态时，我们常常又会因此产生"二次焦虑",即对焦虑情绪的焦虑。我们由开始担心事件本身,变成担心自己的焦虑情绪对学习、工作、生活造成的不良影响,从而陷入恶性循环。当焦虑的情绪积累到一定量时,我们的生活就会受到影响,精神和身体状况也会随之产生反应。你可能会感到平日喜欢吃的饭菜不再可口,做什么事都提不起劲来,也没法专心地投入学习和工作,久而久之,甚至会产生远离人群这样的想法。正是在这样的自我加压的恶性循环中,我们的心理健康受到损伤。

### 接纳焦虑是与焦虑和解的第一步

通常,人们遇到压力性事件产生焦虑情绪时,会下意识地想驱散焦虑、摆脱焦虑,但往往事与愿违。既然让焦虑彻底远离我们几乎是件不可能的事情,那么为什么不接纳它呢?允许自己焦虑,接纳自己的焦虑状态,带着焦虑,我们依然可以迎来成功。心理学家研究发现,焦虑并非有百害而无一利,焦虑对我们的工作效率的影响,呈倒 U 型曲线变化,也就是说,过低或过高的焦虑不利于我们的工作效率,而适度的焦虑则能使我们充分调动身心资源,集中注意力去全力应对,从而取得不错的成绩。

### 让焦虑成为一种能量

当驾驶帆船出海遇到大风时,悲观主义者抱怨风大,乐观者期待风停,而"防御性悲观主义者"则是会调整风帆,迎接风浪。因此,当我们感到生活不如意十之八九时,要学会提前考虑最坏的结果,充分准备、积极应对,焦虑就会成为一种能量,让我们从只会怨天尤人的悲观主义者变成佩剑生活的勇者,迎难而上,超越自我!

曼德拉曾说："生命中最伟大的光辉不在于从不坠落，而是在坠落后能够再度升起"，面对未知，面对焦虑，我们应该学会佩剑生活，直面困难。让我们把握好航行的风帆，从焦虑的情绪中走出来，一切难题都会迎刃而解！

（李驰原）

## 走出情绪低谷，笑着面对人生

你是否有过这样的经历：突然间对一个很有趣的段子无动于衷，而周围人早已按捺不住笑意；对令人感伤的故事冷眼相待，仿佛事不关己；与人相处时心不在焉，表情淡漠，而自己以往完全不是这样的性格。如果你恰巧有这些特征，那么很可能你现在处于情绪的低谷中。

随着社会的发展，我们的生活越发繁忙，竞争愈发激烈，人也越来越容易陷入情绪低谷之中。大到一次任务的失败、一个项目的中止，小到一次考试的失利、一科排名的落后。我们的精神状态在这些或大或小的挫折中越来越低落，情绪便自然而然地陷入低谷之中。当我们感到心情低落、无助、焦虑时，往往无法积极起来，面对生活也不再像以前那么乐观自信。更有甚者在一次次的挫折中丧失了对生活的信心，走上极端的道路。因此，我们有必要找到从情绪低谷中走出来的方法，重新迈步向前走。

### 重新认识自己

首先，要正确认识自己，接受自己的不足。很多时候，我们在追求完美和成功的过程中，往往会轻视自己的优点与成就，认为这些是理所应当的，又总是看到自己的缺点和不足，觉得自己还不够努力。而无可避免的失败到来时，自身的缺点和不足就会被人为地放大，而优点和成就会被暂时忽略，仿佛这失败的乌云盖住了所有美好的特质。但人非圣贤，孰能无过？我们应该坦然地面对自己的不足，不要把自己的一生放在无尽的自责和否定中，而是要珍视自己已经取得的成绩和进步，发挥自己已有的优点和长处。培养心中的一束名为坦诚的阳光，它会驱散名为失败的乌云，自身优秀的特质也会在这阳光下熠熠生辉。

　　电影《肖申克的救赎》的主人公安迪被错判入狱，被困在一个名为监狱的牢笼中。也许是命运捉弄，他受到了无数人的打压和欺弄，也有情绪低落、无助、绝望的时刻，但他并没有放弃。相反，他坚持学习知识并利用自己的金融技能帮助身边的人，改造身边的环境，最终他成功逃狱并获得自由。作家托尔斯泰曾经说过："人生的意义在于不断地和自己做斗争，在于一次次地从低谷中走出，重新振作起来。"当我们陷入情绪低谷，感到无所适从、十分痛苦时，不要轻言放弃，绝不能让自己沉沦于消极的情绪中，以积极进取的心态面对一切，生活终会好转。

### 换个角度思考问题

　　同时，我们也需要好好审视自己的挫折，从中汲取经验来改善自身的不足。很多时候我们可能会感到压力山大，错误接踵而来。这正说明我们的责任和使命相应地增多了，而自己的能力还没有及时地跟上。所以把每一次挑战都看作我们成长的机会，把每一次低谷都看作我们走向坚强的一步。不要盲目地追求完美和成功，困难和挫折是成长的必经之路。要善于接受并坚持下去，这是我们成长的重要一步。

　　当你感到情绪低落，仿佛生活失去了阳光般灰暗，这时候，你开始感到自己像一艘小船在汹涌澎湃的大海上漂泊。但别忘了，即使在夜色最黑暗的时候，星星始终闪耀着自己的光芒。坚信这样一个信念，将一直照耀在你的心底，指引你渡过难关，走出情绪低谷的深渊。人生路还很长，与其眉头紧锁畏首畏尾，不如开怀大笑，坦然面对，坚定不移地走下去。

（张润宇）

## 学会控制情绪，保持情绪稳定

拿破仑曾说过："能控制好情绪的人，比能拿下一座城池的将军更伟大。"喜怒哀乐是我们正常的情绪感受，与我们形影相伴。有的人放任情绪蔓延，时而暴怒，时而狂喜，成为情绪的奴隶；有的人不急不躁，冷静平和，沉着应对，成为情绪的主人。两者对比，后者显然胜在了能够控制情绪上，所以，保持情绪的稳定是十分必要的。

我们首先要认识到坏情绪的最大受害者是我们自己。有这样一个事例，两个人同时被告知患有癌症并且时日无多，其中一个患者整天怨天尤人，不配合治疗，消极生活；另一个患者却截然相反，像往常一样养花、练字、品茶，积极配合治疗。最后，前者早于后者去世，后者甚至还多活了很多年。由此可见，保持稳定乐观的心态有多么重要。

我们身体的很多病症都是由于情绪郁结导致的。中医理论有一句话："怒伤肝，喜伤心，思伤脾，忧伤肺，恐伤肾"，情绪一旦过度，我们的身体就会受到影响。不只是自己的身体，我们最亲近的人也会受到影响。在情绪失控的时候，我们往往会出于愤怒，失去理智说出直击身边人痛点的话，做出无法挽回的事，事后可能会无比后悔，但造成的伤害却已无法挽回，就像钉子扎出的窟窿一样，虽然很小但时常隐隐作痛，明明是自己最亲近的人，却由于自己不能控制情绪伤害了他们。有的时候我们也会因为情绪问题耽误了应该做的事情，常常事后懊悔不已，却又总是重蹈覆辙。

然而，这并不是说我们不能有坏情绪，要始终保持阳光乐观的积极情绪，而是要我们在有坏情绪时合理控制它，保持情绪的稳定。

清康熙年间，有一个位高权重的人叫张英。一天他接到了老家的书信，是老家亲戚与一个吴姓邻居发生了纠纷，起因是一堵墙。希望张英能给当地县令写封书信声援。而张英给老家回书信就写了这样四句话：千里修书只为墙，让他三尺又何妨？万里长城今犹在，不见当年秦始皇。就是告诉家人不要因为区区一堵墙就轻易跟邻居发生争执，那样只会显得有失大家风范。张家人看了书信很受教育，就主动让出了三尺，吴家听了也深受感动，也让出了三尺。自此以后就形成了历史上有名的"六尺巷"。

控制住坏情绪，及时转换调整情绪就可能会收获意想不到的结果。

每个人都有情绪，但不是每个人都会控制自己的情绪。强者能控制住自己的情绪，而弱者只会被情绪所吞噬。想要更好地把握自己的人生，就要有控制情绪的能力。下面分享几个建议，帮助大家保持情绪稳定。

### 不期待，不强求，顺其自然

我们的很多焦虑痛苦都来自自己的期待，在心中设定一个期望值，一旦达不到便会无比痛苦。期待越大，失望越大，与其把希望放在不确定的事物上去，不如把它牢牢攥在自己手中，自己决定自己的生活。

### 培养自己的爱好

当我们遇到坏情绪时，可以做一些自己喜欢做的事，去改变自己的状态，让自己的心沉静下来、慢下来，感受生活的美好，这样坏情绪就不攻自破。

**剖析自己坏情绪的来源**

当我们情绪失控时，先去想一想是什么原因导致自己情绪失控，如果是人，就去找那个人沟通；如果是事，就去想办法解决。恢复自己的理智，沉着冷静地做出选择。

学会控制情绪是一个很艰难的过程，相信我们每个人都能学会控制情绪，保持情绪稳定，做自己情绪的主人，心平气和地迎接每一天！

（王祎涵）

## 学会情绪管理，正确面对压力

从心理学角度看，压力是心理压力源和心理压力反应共同构成的一种认知和行为体验过程。通俗地讲，压力就是一个人觉得自己无法应对环境要求时产生的负面感受和消极信念。压力会消耗我们的精力并导致疲劳，产生消极的思想和令人沮丧的情绪。在学习和生活中，我们难免会面对大大小小的压力，若处理不当，会对身心健康造成损害。

现代人的压力主要来自职业生涯、人际关系、个人财务等三个方面，具体来说，职业生涯方面的压力包括学习和工作太多或太少、目标不明确、遭遇瓶颈、没有获得认同和赏识等；人际关系方面的压力包括人际冲突、不善言辞、性格内向、沟通不良等；个人财务方面的压力包括医疗、教育、养老、失业、投资理财等，这些都会使人时刻处于压力的包围中。

压力会使人在生理、心理和行为等方面产生症状，具体来说，压力造成的生理症状有心率加快、血压增高、头痛恶心、肠胃失调、呼吸急促、睡眠不好、身体疲劳等；心理症状有焦虑、紧张、憎恶、孤独，感情压抑，兴趣减少，悲观失望、记忆力减退等；行为症状有吸烟、酗酒、食量减少、体重下降，甚至产生攻击、冒险行为，压力还会让人拖延和回避学习和工作、办事效率低下等。

压力在我们的学习和工作中无处不在，过度的压力已经严重地影响到我们正常的学习和生活。因此，缓解压力，合理调适学习和工作中的压力就显得尤其重要。以下介绍几种常用的方法供大家参考。

### 一　消除压力源

缓解压力最直接的方法就是找到压力源，然后尽可能地消除它。若总是习惯拖延，一不留神 ddl[1] 已经摞成山。这样的情形往往会让我们感到力不从心、压力倍增。如果你的压力是由于任务重造成的，不妨合理安排一下时间，养成"今日事，今日毕"的良好习惯，减少自己的压力来源。

### 二　情绪管理法

倾诉法：在面对压力，面对学习和工作问题时，要懂得及时向家人、朋友和心理专家进行倾诉。

语言暗示法：语言暗示对缓解压力具有比较明显的效果，面对压力，我们可以这样暗示自己："没有什么大不了的，总会过去的，办法总比困难多""我不应该这么愤怒和焦虑，这样只会让情况更糟糕"，"生气过一天，开心也是过一天，为什么不开心地过一天呢？"。

### 三　心态调整法

古希腊哲学家爱比克泰德认为："人不是被事物所困扰，而是被其对事物的看法所困扰。"人最大的敌人是自己，而自己最大的敌人是心态。对事件做出理性的评价，及时调整心态，就可以避免消极情绪的产生。我们在学习和工作中遇到克服不了的问题，要学会放下。放下不是放弃，是为了得到暂时的自我解脱和休息。

---

1　即 deadline（最后期限），指完成某项任务或提交作业的截止时间，该缩写流行于大学及外企。——编者注

### 四　时间管理法

管理大师彼得·德鲁克说："时间是世界上最短缺的资源，除非善加管理，否则一事无成。"我们做任何事情时，都要分清轻重缓急，利用 80/20 法则，重要且紧急的事先做，重要但较不紧急的事缓一缓，较不重要的事放在后面再做。苏格兰哲学家托马斯·卡莱尔认为：当下最重要的，不要总去看远处模糊的东西，而要努力去做好手边清楚的事情。我们还要留出休整的时间，学习和工作时全力以赴、勤勤恳恳、兢兢业业，当日事当日毕，留出休整的时间，不要把压力带回家。

### 五　音乐放松法

音乐放松是最好、最方便的心理疗愈方法。音乐可以起到陶冶情操，舒缓压力的作用，尤其是一些舒缓的轻音乐。当你感觉到压力大的时候，可以暂时停下手头的学习和工作，来到户外，去到公园，或找个僻静的角落，戴上耳机，静静地听几首舒缓的音乐，平复紧张的情绪，放松心情。

每个人或多或少都面临着些许压力，身上都有惰性和消极情绪。但我们要懂得管理自己的情绪，克服自己的惰性，正视压力，静候花开。

（冯凯）

## 走出情绪困扰，这个方法 666！

有人说："情绪是一个心魔，你不控制它，它便吞噬你。"

还有人说："人生路上，我们遇到的最大敌人，不是能力，不是条件，而是情绪。"

那么，对于自己的情绪状态，你真的可以清楚地认识吗？是高兴的，兴奋的，还是哀伤的，痛苦的？

其实，各式各样的情绪每天都围绕在我们身边，聚焦于不一样的感受。有时候情绪会让我们感觉舒服，产生积极的作用，有时候情绪会给我们造成困扰，产生消极的作用。不同的情绪会影响我们在日常生活中的语言、思考和行动。我们大部分人对于当下的情绪还是能有所感受，但当真正去辨识情绪时却犯了难，很容易被情绪所控制，进而通过外在粗暴的言语甚至是鲁莽的行为来宣泄，造成无法挽回的过失。最终，我们被自己所限制，与自己、他人以及整个大环境的关系也变得冲突混乱，工作、生活往往都不尽如人意。

情绪是我们日常生活中共有的话题，它一直影响着我们生活的方方面面，我们又该如何管理情绪呢？

之前曾学习过一个情绪管理方法，中文简称"六六大顺法"，使用效果良好，特此分享给正在饱受情绪困扰的你，希望能帮助大家更快摆脱负性情绪，恢复积极、平和的心态。

六六大顺法的步骤包括觉察、停下来、放松、积极思维、积极行动以及及时自我肯定。我们具体来聊聊是如何操作的。

### 第一步：觉察

我们需要先觉察自己的内心活动，意识到自己的情绪类型。我们可以回想到底是什么事件、线索激活了我们的心理创伤。还要意识到，当我们陷入强烈的负性情绪泥潭中时，我们的思维也会不自觉地趋向负性，进一步加大负性情绪的刺激力度。比如，听到对讲机发出集合的指令，一下子想到自己是病号，身体很疼痛，心理非常烦躁、低落，接着想到因自己的问题导致工作被耽误，领导和同事也对自己不满，更进一步想到年末评优和自己没啥关系，明年续评的希望也渺茫，周围人嘲笑自己装病、看不起自己，等等。很多人不光想，脑海中的画面也是同步浮现，越想越焦虑，越想越难过，情绪直接就崩溃了。这就是典型的灾难化思维，在消极思维和负性情绪中恶性循环。

### 第二步：停下来

诸如上面那样的情况发生时，你开始觉察到了，下一步要做的就是及时停下来，不要继续往坏处想。很多人都有这样的体验，越是想要压制情绪，情绪强度越大，越是想在难过的时候让自己开心，反而更难受。睡不着时，不停地告诉自己要快点睡着，不要影响明天状态，反而越是清醒，好像你的身体一直在和你对抗一样。所以，如果我们真的想让思绪停下来，可以借助一下外力。

### 第三步：放松

这里介绍三种常用的放松方法：

1. 深呼吸 + 自我暗示。深深地、缓缓地吸气、呼气，并想象正性的、平静的能量随着吸气和呼气进入身体。

2. 上半身大肌肉群的收缩与放松。在一次深吸气后，双手用力握拳，双臂夹紧胸部肌肉，保持这个紧绷状态 10～15 秒，然后突然放松，手臂快速往外扬，并同时大呼一口气。由紧绷到放松的过程让身体更容易释放内啡肽，产生较好的放松效果。

3. 做个平板支撑。撑到自己感觉实在撑不下的时候，猛地放松、趴下。

### 第四步：积极思维

当情绪有所缓和之后，学着有意识地从更加积极、理性的角度重新梳理事发经过，去理解整个事发过程，甚至可以追溯以往自己类似经历时的表现。比如，上面说到的，听到集合的指令，我们一下子开始烦躁，开始灾难化思维。经过上面第二步和第三步后，我们虽然还有点难受，但情绪好一些了。可以想想目前的病痛只是暂时的，是为了及时休整，后面能够走得更好。等调整好状态，我们就可以冷静面对现实问题，重新规划以后该走的方向。

### 第五步：积极行动

想法是通过行动最终完成的。既然我们想让自己的身心更加健康、情绪积极，就要采用更健康的饮食、作息，适当运动，重新找回自己感兴趣的东西。当这种体验多了，就会形成积极的、正性的记忆并沉淀下来，逐渐覆盖以往不开心的情绪。

### 第六步：及时自我肯定

当我们及时调整了负性情绪或者做了以上有意义的事情后，我们要给自己一个大大的自我肯定。比如，告诉自己：我学会及时调整负性情绪了，从中可以更快抽离出来，还做了自己喜欢的事情，比以往有进步！这种自我肯定帮我们获得积极体验，形成良性循环。

行动是绝望的解药,只要你参考我分享的这个方法,行动起来,走出低谷指日可待!

(王蓉)

## 别让失败成为你的绊脚石

年终岁尾，可谓几家欢喜几家愁。有人立功受奖，调职晋升收获满满，可谓是在寒冬中"春风得意"；也有人不论是运气还是实力就"差那么一点点"，与荣誉或者成长进步失之交臂。得偿所愿的"成功"固然值得庆贺，但也不必纠结于那些求而不得的挫败感。因为，从"比伦定律"来看，无论是什么样的"失败"都蕴含着一种机会。

"比伦定律"由美国考皮尔公司前总裁F.比伦提出。他曾说过："若是你在一年中不曾有过失败的记载，你就未曾勇于尝试各种应该把握的机会。"这一定律后来被心理学家引申为：无论是谁，无论做什么工作，都是在尝试错误中不断进步的，经历的错误越多，人越能进步。

比伦定律的应用是非常广泛的，任何一个人，无论他在哪个领域，如果他获得了成功，那么他必定多多少少不同程度地经历过比伦定律。

生活中每个人都有追寻成功与完美的愿望，但在追寻成功的过程中失败是不可避免的，只有从失败中总结经验教训，把失败当成机会的人才能如愿以偿，最终取得成功。比伦定律告诉人们：在人生的道路上一帆风顺者少，曲折坎坷者多，成功是由无数次的失败汇聚而成的。

由此可见，在人的一生中，遇到挫折是常有的事，关键在于遇到挫折后怎么办。是从此一蹶不振，甘认失败，还是顽强地站起来，总结经验教训，坚定目标，以利再战？这主要取决于大家如何面对挫败感，又如何去缓解这种挫败感。以下分享四点建议。

### 正视挫败感，拒绝当逃兵

在日常工作或生活中遇到挫败感之后，建议大家正视这种消极情绪，不要刻意去逃避问题。虽然逃避也是面对挫折的一种方式，但绝对不是最好的方式，因为就算逃避了，问题还摆在那里，迟早是要面对的。那么，与其逃避，不如直面挫败感，失败可以使我们消停下来、冷静下来，起码能够让我们静下心来听听其他人的良好建议。

### 及时复盘，积累经验

当我们经历受挫事件，不打算逃避之后，就要对整件事情进行仔细复盘，去研究导致自己失败的原因在哪里。找到这个原因并将其改正，这样才能彻底缓解我们心中的挫败感，同时还能让我们下次不再被这个问题困扰，收获一笔宝贵经验。

### 时常保持自信，强大自己

挫败感强的时候，人们最容易丧失对自己的信心，容易把一时的失败当成一生的失败，进而陷入消极的情绪当中无法自拔，挫折感也就如影随形。对此，当我们遭遇挫败感时，我们要在心中给自己积极的暗示，并且要从根本上强大自己，补齐短板，增强自信。

### 巧用转移法，分解挫败感

遇到挫折时，大家可以巧用外力来转移挫败感，常用的方法如下：

**必要的时候让自己先停下来**　不要纠结于某个失败的地方，通过冥想或者补充睡眠让紧绷的神经变得松弛，休息过后或许能想出好方法来。

**可请人帮忙**　俗话说，一人计短，两人计长。不要觉得找人帮忙不好意思，朋友之间就应该互相帮忙，这次请朋友帮忙，下次再帮回去就可以了。

**求助于心理咨询**　心理医生会对你动之以情，晓之以理，循循善诱，使你从"山重水复疑无路"的困境中，步入"柳暗花明又一村"的境界。

无论是在工作或是生活中，难免会遇到困难或者失败，只是有时给人的感受程度不一样罢了。最好的方式就是学会接受和承认挫败的事实，不怨恨，不后悔，坦然面对，才能让失败不再成为我们的绊脚石。

（袁汝霖）

## 三个小技巧，带你走出自我苛责的陷阱

你是否有过这样的经历——

考试失利后常常会想：都怪自己没有复习好，考场发挥还是不行，考试前要是再努力一点就好了，哎。经历了一段失败的感情时，不断地处于后悔之中：我为什么要跟他/她在一起！我当初就应该理智一点，不然也不会这么难受了。在工作上跟领导汇报时，领导只回复了个"哦"，就担心：绝对是我把事情搞砸了。诸如此类。

当发现自己做不到完美，也做不到接纳不完美时，或者说自己虽然认知上认识到个别错误不太严重，别人不会因此找你的麻烦，但每当想起来的时候，还是感觉到强烈的焦虑时，你就该当心自己是否已经陷入了自我苛责的陷阱之中。

**自我苛责的定义**

自我苛责是指对自己的要求过高，对自己的缺点和错误持续自责的一种心理。我们偶尔会因为没有把事情做好而批评自己、反省自己，这是我们成长的动力，也是知错就改的良好机制。适当的自我批评和苛责能够让我们变得更好，获得更多的反思。但是一味地苛责自己，总是觉得自己做不好、永远也做不好，并且泛化到很多事情上的时候，就成了一个习惯自我苛责的人。

自我苛责可能会给自己带来很大的负面影响，德国心理学家尼

亚提·塔库尔和尼古拉·鲍曼在2022年的一项研究中指出[1]：高水平的自我苛责可以被视作一种人格特质，拥有这种特质的人群，倾向于从负面的角度看待自身特质，以及自身行为的影响。不仅会令人丧失工作上的成就感，还有可能导致亲密关系、人际关系、亲子关系的满意度低。

那么，如果我们发现自己具有这样的人格特质，又应该怎么打破负面循环呢？

**如何缓解自我苛责**

### 想法不一定匹配现实

"我穿这件衣服看起来肯定滑稽可笑。"是一个人的想法，但想法并不一定等同于现实。有的人明明很瘦了，但是还觉得自己过胖应该减肥。所以，我们自己如何看待自己是一回事，现实中自己是什么情况往往又是另外一回事。

这种已经深陷自我苛责的想法有时候会让我们卷入一种自我批评的循环当中：认为自己不够优秀→寻找苛责自己的"证据"（有时候甚至仅仅是旁人的一个眼神或者是一句不经意的评价）→找到"证据"，给予自己消极的心理暗示——我怎么这么差。

自己心中既定的高标准往往让自我苛责的人永远处于上坡路的情形，似乎永远也不满意现在的情况，即便在别人看来已经是尽善尽美的程度，但却没有达到自己理想的预期结果。所以，外界往往并没有对我们做出过高的要求，而是我们让自己做了什么。第一步，也是最为重要的一步，就是及时觉察想法和现实的匹配程度，从自

---

1 参见：THAKUR N, BAUMANN N. Breaking the anxious cycle of self-criticism: Action orientation buffers the detrimental effects of a self-critical personality style[J]. J Affect Disord，2022，301: 30—35。

我苛责的恶性循环中跳出来：刚刚那句话真的是在批评我吗？这个错误真的有我想的那么严重吗？

### 学会自我承认

我们每个人都像是一枚硬币，有正反两面，有消极的一面也有积极的一面，两者不可分割，共同组成一个完整的人。自我苛责的人常常处于硬币的背面，关注于自身的错误，以至于不能看到本身的闪光点。

看到我们自身的闪光点并非盲目的积极乐观，只是有时候消极、批评的事情往往让人印象深刻，掩盖了我们做得足够好的地方。

记住，自己一定有做得好的地方，这不是盲目积极或是自我欺骗，而是自我承认，这对于全面客观地看待自己是极为重要的一步。

### 寻找内心的声音

大多数自我批判的想法都体现为一种内心对话的形式，似乎脑内一直存在着一个尖锐、消极的指责声，此时，我们应当从内心自我批评的声音中找到其对应的准则。深陷自我苛责的人，越是强调内心的某种准则，视之为自己做人的根本，越是说明这个准则实际上建立在一个非常顽固的消极条件的模式之上，从而把这个准则当作保护伞。

心理学家弗雷德里克·方热指出，我们内心批评的声音大多数情况下是在童年时期固定下来的。[1] 当我们的人生逐步向前，某些准则就需要适当的修正，应该由我们来决定自己希望遵循什么样的人生准则，想要达到什么样的人生目标。

---

1　参见：方热. 从自我苛求中解放出来 [M]. 周行，译. 北京：生活书店出版有限公司，2016．

所以，请记住，人生准则也要根据我们所经历的事件、环境的变化和我们周遭的人来进行调整和更新，从而指引我们修正、回归和继续我们正常的崭新人生阶段。

（吴鹏）

# 考研人注意！跟焦虑说再见！

今天是考研的第二天，考研生活即将迎来终点。对于考研人来说，在这场考研"马拉松"的最后赛段里，应当及时补充正能量，摆脱焦虑，以更好的心态平稳度过。那么在这里分享给考研人几个调整焦虑情绪的小妙招。

### 积极的自我暗示

面对考研，保持适度压力和焦虑是正常的，适度紧迫感能够提高复习效率和应试水平。但过度焦虑和内耗就会影响到复习状态。不少同学担心自己无法取得满意的结果，对未来的不确定性是造成焦虑和内耗的元凶。因此，不妨换个角度来思考问题，来试试自我暗示法，可用简短、有力、肯定的语句反复默念："我一定能上岸，我复习得很充分""我一定会考好""我一定会胜利"。

### 有规律的呼吸放松

笔者身边不少同学会在这段时间因为焦虑难以入睡，既影响当下白天的复习状态，导致复习效率低下，又造成恶性循环，影响到后续的复习计划和心态。面对失眠问题，不妨试一试呼吸放松法：平躺在床上，眼睛闭上时慢慢拉长自己的呼吸，放松重点在于让自己的身体慢慢变得松弛，跟随身体的节律慢慢进入睡眠。

### 艾森豪威尔法则

考研后期的复习更要有的放矢,针对自己的学习情况进行查缺补漏,不要因为时间分配的不合理性出现"偏科"的现象。因此,提前确定学习科目优先级并安排学习计划是很重要的。这里推荐艾森豪威尔法则。

> **艾森豪威尔法则**
>
> 艾森豪威尔法则,又称四象限法则,是指处理事情应分清主次,确定优先级别,以此来决定事务处理的先后顺序。即将自己要处理的事务分成四个象限:
> - 重要紧急的,最优先处理;
> - 重要不紧急的,可以暂缓完成,但要引起足够的重视;
> - 不重要紧急的,要尽快处理,可以安排他人来做;
> - 不重要不紧急的,可以推迟做,委派他人来做,甚至不做。

### 倾诉释放心理压力

考研虽是一个人的孤军奋战,但是也不要忘记还有许多同学为你的考研生活保驾护航。学会倾诉,有利于排解消极情绪,获得情感上的支持,继续投入高效的复习中。如有必要也可以寻求学校心理老师的帮助。让被倾诉者成为你的支持者,帮你渡过难关,远离焦虑。

### 适度运动,放松心情

再忙也不能忘记运动!学习的路上身体是第一位的,适度的运动不仅能强身健体增强免疫力,还能促进激素的分泌带来轻松愉悦的心情。

丹麦哲学心理学家索伦·克尔凯郭尔认为，焦虑是我们人生的学府，焦虑在说明我们有实现某种可能性的机会，焦虑让我们学会了信仰。

每一个考研人，都是拥有信仰的人，这份信仰也许是日复一日的坚持，也许是愈挫愈勇的勇气，也许是对最终成功的渴望。焦虑可能会摧毁我们，但是只要加以正确对待与引导，杀不死我们的都会让我们更强大。

（孙广博）

# 如何善待自己，掌握情绪智慧

情绪无好坏之分，一般划分为积极情绪、消极情绪。由情绪引发的行为有好坏之分，而行为造成的后果也有好坏之分，所以说，情绪管理并非消灭情绪，而是疏导情绪并合理化之后的信念与行为。情绪不可能被完全消灭，但可以进行有效疏导、有效管理、适度控制。这就是情绪管理的基本范畴。

## 一　情绪管理的定义

情绪管理不是要去除或压制情绪，而是在觉察情绪后，调整情绪的表达方式。

有心理学家认为情绪调节是个体管理和改变自己或他人情绪的过程。在这个过程中，通过一定的策略和机制，使情绪在生理活动、主观体验、表情行为等方面发生一定的变化。

情绪管理是掌握自我的一种能力，主要表现在应对生活中各种矛盾和突发事件时，能够适度地调节自己的情绪反应，化解负面情绪并缓解紧张、焦虑的心理状态。通过维持积极、乐观的态度以及幽默的情趣，我们可以更加从容地面对人生各种挑战，并建立更为健康的心理素养。因此，情绪管理能帮助我们更好地应对生活的起伏波动，提高生活质量和幸福感。

## 二　情绪管理的好习惯

1. 不动怒。发脾气不仅对自身没有任何好处，反而会让局面越来越糟。一个人越是软弱，越倾向于用发脾气的方式逃避问题，这样做只会让事情变得更加棘手。相反，我们应该学习将愤怒转化为行动，并把解决问题的时间和能量投入实际行动中去，以达到更好的解决问题的效果。

2. 不责备。责备并不能解决问题，相反，往往会激化矛盾。爱责备的人可能缺乏责任心，难以承担重任，并因此难以赢得他人的信任。在面对问题时，我们应该先反思自己是否存在问题。只有学会找到自身不足之处，才能从中总结经验和教训，提高自己的能力。这样做不仅更有建设性，也有利于解决问题。

3. 不纠缠。跟他人纠缠往往会让自己越陷越深。与不讲道理或没有素质的人争论只会白费口舌，情绪也会受到影响。我们在一生中有太多美好的事物值得体验，因此没必要为一些不重要的事或人耗费时间和精力。最好的选择是集中精力做有意义的事情，拥抱积极的人生态度。

4. 不抱怨。偶尔抱怨一次可能是某种情感的宣泄，也无不可，但习惯性的抱怨而不谋求改变，便是不聪明的人了。抱怨并不能促进事情向好的方向发展。不管事情好坏，发生了就要学会接受它，并着手改变当中可以改变的部分。因此，我们应该尽量避免抱怨，而是采取实际行动去解决问题。

5. 不较劲。越是跟自己较劲，也越是在折磨自己。越较劲，越会被糟糕的情绪吞噬。没有任何一种选择会带来十全十美的人生，既然总会有遗憾，又何必要去纠结那些已经无法重走的路。

6. 不冲动。情绪有时就像一把火，一旦被点燃，我们就容易做出让自己遗憾很久的决定。当你觉得控制不住自己时，学会深呼吸几秒钟，平复一下自己的心情。要知道，只有当一个人心平气和地去面对问题时，他才可能把事情处理好，也才能跳脱出坏情绪的泥沼。

人生是一场旅行，路上会遇到各种各样的风景。学会沉淀自己，调整和管理情绪，用一颗淡然的心去审视，在沉淀之中去发自己的光。

（冯凯）

# 与情绪和解，获得心灵成长

尼采曾言："必须想方设法控制自己的感情、情绪，不让它随便乱动。若是放任不管，就会被它牵着鼻子走，或被它冲昏头脑。"烦躁、愤怒，所有倾诉着负面的脾气都只会像打破玻璃窗的石子，让寒风灌入心口，使你的心绪再糟三分。不如试着与情绪和解，使心灵得到释放和成长。与情绪和解，往往绕不开以下三条。

**第一条：淡**

心灵成长是什么？它不发光也没有特殊声响。它非常平凡，就在当下。与心灵相关的一切，往往都是淡的，情绪的淡然、洒脱和随性，也是滋养心灵的关键之一。

不要被一时上头的脾气所裹挟，它往往是短暂而恶劣的火焰，用焚烧伤害内外一切，而后在燃尽燃料时毫无意义地熄灭。正视脾气的存在，但不要放任它的生长。要用如水的平淡去荡涤这种冲动，给理解与接受留下空间。不必担心，虽然平凡而平淡地活着，但是所有的好、所有的真心、所有的善意都会被看到和感受到，对生活的付出不会因为"气"而突出，也不会因为"淡"而轻浮，这种值得歌颂的美好，甚至比磅礴的世界还伟大那么一点。

要相信，当下的点滴终会汇聚成未来的洪流，那时，你的世界便会山高海阔。无所谓外界风雨如晦，我自岿然不动。

### 第二条：宽

宽容与宽放，与其说是对他人的情绪，不如说是待自己的态度。

当你无时无刻不期待着一个结果，往往会没有想象中那么快乐。看一本书，期待它能让你变得深刻；跑步或游泳，期待它能让你一斤一斤瘦下来；发条微信，期待它能够被回复；对别人好，期待能被友好相待；写一个故事、表达一种心情，期待能被人关注、关心；参加活动，期待能换来充实丰富的经历。预设的期待如果实现了，你会长舒一气，投身下一个期待。而如果没能实现，心里总会滋生出烦闷无助、自怨自艾的情绪。其实，你完全可以从切切的期待中抽身，不必慌乱无措，学会接纳那些不开心的时刻，慢慢地走，方能走得更远。

在过程和结果之间，不妨选择过程，用对自己的宽待，实现对自我身心的解放。

### 第三条：解

更重要的是想办法去排解负面情绪。一个人的心理容量是有限的，当里面存蓄了太多的负面情绪时，欢乐也就住不进去了，就像要及时给房子除尘清理，来保持它的窗明几净。

读书，可以静心。读书是一种过程，一本好书可以引导你体悟、成长，一本好书也可以借由想象和奇思帮助你放松、娱乐。读书的过程，就是知世事、平世事，教你不为闲事烦心，教你如何解决问题，更教你如何更好地管理自己的情绪。运动，可以平气。挥洒汗水向来是最便捷的情绪疏导方式，在锻炼身体的过程中清空包袱，然后一身轻松地继续迈进。运动足够平易近人，也足够效果拔群，按己所需在日程中插入运动的板块来帮助情绪管理算是一大好用的妙招。

心胸开阔，横生清风，是心灵成熟的一大标志。我们要学习的不是如何让自己强大起来，而是让自己原本就具有的强大，拂去尘埃，闪闪发光，铮铮作响。

（黎凡）

# 学习这三种情绪管理方法，让你牵住情绪的"牛鼻子"

生活中，我们常常会被情绪问题所困扰，许多人会下意识地逃避，也有人会有意识地学习心理知识去化解。今天，我们学习三种正念训练所提倡的情绪管理方法，来帮助你牵住情绪的"牛鼻子"。

## 一 接纳当下的"我"

什么是接纳自我？就是接受真实的自己，即面对当下状态的自己，不管是好是坏，都不刻意抗拒。心理学中，把接纳自我称为内在、外在世界统一的认知平衡。生活中，很多人不接纳懒惰的自己、粗心的自己，想要改变，却在一次次的尝试中失败，而变得痛苦不已。实际上，在潜意识中，他们并不认可自己，所以产生了内在与外在不统一的心理痛苦。不接纳就意味着过度的压力、紧张、挣扎与强迫，让我们在改变的过程中增加了更多的困难。认可自身的不足能够更好地减轻负重，因为当下的我们已经足够好了。

### 自我接纳

自我接纳的定义是：个体接纳自身的所有属性，不论属性是正面的还是负面的。可见，这个定义强调的是对自身不同侧面的全面接纳，即欣然接受你身上那些好的、有价值的或是积极的方面还称不上真正的自我接纳，你必须能够接受自己那些不那么可取的、消极的甚至是丑陋的方面。

要注意，接纳并不是放弃自己的原则，变得消极"躺平"，而是勇于面对不完美的自己，并保持包容的态度，只有这样才能看清自己，看到正确的方向。

### 二　多观察、少评判

随着生活和社会阅历的丰富，我们总会按照以往的观点、经验以及自己的偏好来判断喜恶，而这个过程会让我们产生很多"不如意"，即负面情绪，造成大量精神内耗。我们要能够意识到自己的这种判断行为发生的心理过程，有意识地对事物进行不加评判的觉察，保持清醒地、如实地去观察当下发生的一切，去觉察我们面对事物的感受。而这个过程能让我们放下执念，更加清醒地看清事物的本质，也看清我们自身的需求。

### 三　在心门前立下"欢迎光临"的招牌

我们都盼望好事的到来，但苦难也是我们人生中的常客。面对这些经历，我们不能假装什么都没有发生过，而是应该在心门前放下一块"欢迎光临"的招牌，让自己在觉知中拥抱生活里任何发生的事情，欢迎并招待每一位"客人"。因为每一段经历都是远方派来指引你的"向导"，都是为了传授你一些必要的道理。面对苦难、困境和阴暗，如果我们能以欣喜的姿态去欢迎和体验自然更好，但是"哭哭啼啼"地迎接也不是不行。哭是情感的宣泄，接纳自己在悲伤时流泪也是对自己的同情和宽容。你要做的就是专注当下的体验，并保持清明和理智，在经历不好的人和事后，依旧心怀同情和善良。情绪管理的核心便是要觉察自己的情绪，进而接纳自己的情绪。愿人人都可以在心门前立下"欢迎光临"的招牌，从此笑对人生。

（袁汝霖）

## 别想太多，你被过度思考束缚住了吗？

我们每时每刻心里都在想着事。诚然，"谋定而后动"可以降低和避免因冲动盲目、缺乏规划造成的风险和错误。但有的时候，"想得太多"反而会耽误、阻碍我们，成为我们心灵上的累赘。正如朦胧派代表诗人顾城所写：

你不愿意种花
你说：
"我不愿看见它
一点点凋落"
是的
为了避免结束
你避免了一切开始

### 一 想得多

总是听我在其他大学的朋友说，她想去做家教，在上学的同时找点事情做，去锻炼自己。可是几个月过去了，也不见她教一堂课。

起初，她没想好教哪一科，怕自己教不好；后来，选定了科目，她又感觉自己是大学生，教学经验不足，和教育机构根本没办法比，没有人会请她做家教；一拖再拖，她又看了很多教育相关的书籍，研究学生心理……慢慢地，她想做家教的积极性被时间冲淡，现在问起她："你家教做得怎么样了？"答曰："还没做呢。"再问："还想做家教吗？"回道："当然。我还在准备呢。"

其实，莫不如直接就去干呢！在做家教的过程中不断改进，提升自己。我这位朋友一直在和她的假想敌做斗争，"想得多"反而有些耽误她那横溢的才华。

### 二　想得太多

那么"想得太多"呢？有些人现在抑或曾经，可能因为老师、上级领导无心说的一句话而苦恼一整天，晚上睡觉的时候辗转反侧，不断地在脑海中复盘今天的情况。想自己的问题，想对方对自己的印象到一个什么样的程度，想会不会影响到自己的将来。慢慢地，越想越多，越想越远，导致一晚都没睡好觉。

又或者，他人不经意间的一个冷漠眼神，对方自认为是玩笑的一句话，就能让人在心里琢磨半天，徒增烦恼。

我们习惯性地在事情还没有开始前，企图把一切都想得十分周全，尽可能将主动权掌握在自己手中，我们想自己在想什么，想别人在想什么。此举可取，但不宜过度。想得太多，干，还是不干？在我们犹豫的瞬间，事情可能就发生了和预期不一样的变化，最坏的情况是，事情终止，不需要我们了。用一句网络流行语来点破这种情况，再合适不过了：其实没有别的什么能真正伤害你，唯一能伤害你的，是你的在意。

### 三　过度思考者

在意太多，想得太多。

这种情况被称为"过度思考者"，区别于高敏感。高敏感是一种正常的人格特质，而过度思考，则是一种负面的思维模式。过度思考分为两种，一是对过去的悔恨，二是对未来的担忧，并包括由此衍生出来的各种思维内容。

过度思考与高敏感特质最大的不同在于，高敏感特质对于细节的敏锐，能够产生一些更有创意的想法以及更加客观的评断；但过度思考的人则会深陷在某个细节里，不断地钻牛角尖，最后让自己深陷在思维的泥潭里。

## 四 别想了，走你！

对于这种情况，我们完全可以适当地放松自己，学会对世界说："走你！"别想了，干就完事了。正如英国演员本尼迪克特·康伯巴奇在演讲中有这样一段话：

不要再思索担忧、瞻前顾后，
不要徘徊、怀疑、恐惧、伤心，妄想找到轻松的出路，
不要挣扎、抓住不放、感到困惑、心痒难耐、不停抓挠，
……
不要再吊儿郎当、自我折磨、相互指责、偷偷摸摸，
不要再一直等待、踟蹰不前、虎视眈眈、互相利用，
不要再寻寻觅觅、故步自封、自甘堕落，不要再折磨你自己！不要再折磨你自己！

停下这来吧！放手去做！

无论是"想得多"还是"想得太多"，如果每一件事都想，很累吧。这一期主题很简单，作为写这篇文章的人，我希望我的文字，能让你，在读这篇文章的时候轻松一些，别想了，干就完事了。

就像这篇文章，我也是第一次向我们的太空"心灵加油站"投稿，可能很久之前的我会想："我想和之前的能人一样写出好文章，我该怎么做呢？要是写不好，会不会以后没机会了？"但是现在我在

想:"别想了,干就完事了!我要成功写出好的文章,就要写下第一个文字。"

不要想得多,等到来不及的时候,才发现自己想做的事情还停留在想的阶段。也不要想太多,你的过度在意或许会伤害自己。

别想了,其实咱干就完事了!

(赵艺清、周思言)

# 跟我学，把挫折转化为青春里灿烂的一页！

你有没有听过这样一句话："只有沿着陡峭山路不断爬行的人才有机会爬向顶峰。"前一段时间是我自入学以来觉得最艰难的时候，学习与训练压力空前地大，并且还因为工作关系与人发生了争吵。正是这句话让我在昏暗无光的日子里挺了过来。在那些日子里，我不断反省自己、审视自己，翻过了一座自己心中的山。在这里总结成几句话分享给大家。

### 在青春的舞台上，挫折只是短暂的插曲

我想你肯定也在勤勤恳恳地生活，忙了一天以后抬头看看夕阳与晚霞，看夕阳落山时山的轮廓，看傍晚淡雾轻起时的冉冉云朵，这何尝不是辛苦了一天的报酬呢？我们生活在如此高压的环境下，心态决定了一天的悲喜，而决定心态的只能是自己。遇到的那些挫折，都是我们青春里客观存在的事物，我们要用辨证的眼光看待所遇见的这些坎坷。挫折是生活赋予我们最好的礼物，它让我们学会坚持，学会拼搏，最终成就辉煌的人生。

### 漫漫人生路上，挫折如同风雨，无法避免

把目光放长远点，谁的人生能一帆风顺？谁不是关关难过关关过？挫折就像是风雨一般，正是这些风雨，让我们变得更加坚强，勇敢地去追求梦想。当挫折来临，不要害怕，不要退缩。因为只有

在战胜挫折的过程中，我们才能真正地成长。我们正处在一个不断试错的年龄段，多做些事就注定会遇到很多挫折，那遇到了怎么办呢？牙掉了也要往肚子里咽！别人能做到的我们同样能做到。相信自己，我们是最棒的！

### 自信总比无用的自卑要强一百倍

据研究表明，自信的人通常拥有更好的心理健康，因为他们能够更好地应对生活中的挫折和困难。我们或许有时会有攀比心理而导致自己自卑，自卑除了让自己觉得一无是处以外别无他用。所以我们要让自己变得更加自信！自信的人更容易保持积极的心态，因为我们相信自己有能力改变现状，实现自己的梦想！

### 挫折是成功的垫脚石，每一次跌倒都是为了更好地站起来

挫折是成功的垫脚石，因为挫折可以帮助我们成长和进步。当我们遇到挫折时，我们会面临困难和挑战，这迫使我们去思考、学习和适应。通过克服挫折，我们可以提高自己的能力、增强自信心，并为未来的成功奠定基础。挫折可以锻炼我们的意志力。在面对挫折时，我们需要坚持不懈地努力，才能最终取得成功。这种意志力在未来的生活和工作中都会发挥重要作用。总之，挫折虽然痛苦，但它是我们成长和进步的必经之路。只有经历过挫折，我们才能更好地认识自己，提升自己，最终走向成功。

你看，挫折是不是比顺利更有价值？我们都希望自己的生活一帆风顺，在每次的节日祝福里我们都会有这样的愿望。可是人生不如意之事十有八九，我倒是不希望我的生活过得平淡的如水一样。愿我们的生活都能乘风破浪，一往无前！

（张建召、庄卓然）

# 怎样保持幸福感？你想知道的在这里

什么是幸福？

亚里士多德说：幸福是生命的目的和意义，是人类生存的终极目标。在快节奏的现代生活中，你是否常常因缺少幸福而感到疲惫和焦虑？那么如何获得幸福并真正地保持幸福感呢？生活快乐是幸福的基础，幸福是快乐的升华，只有当我们的生活充满快乐时，才是最幸福的。尽管人生充满了起伏和挑战，但我们可以通过一系列的积极方法和内心态度，从容面对生活的风风雨雨，获得更多、更持久的快乐，创造持久的幸福，接下来就让我们一同探寻获得幸福的途径吧！

## 一　培养感恩之心

感恩是幸福的基石、是快乐的滋养剂。时常停下来，回顾自己拥有的一切，不论是家人的关爱、朋友的陪伴，还是生活中的美好瞬间，都值得我们感恩。感恩之心能够让我们更加珍惜现有的一切，从而获得更多的满足感和幸福感。

## 二　培养积极心态

积极情绪是获得快乐的基础。要培养积极情绪，首先要学会正视问题，而非回避或否定。当遇到挫折或困难时，不妨换个角度看待，从中寻找成长的机会。同时，保持笑容也是增加快乐的小技巧，因为微笑不仅能够改善自身情绪，还能影响他人，创造更多的积极互动。

### 三　追求内在价值

追求金钱和物质固然重要，但也要注重内在的价值观和精神追求。寻找自己的兴趣爱好，培养才艺，追求知识，这些都能够带来更深层次的满足感和幸福感。

### 四　建立良好人际关系

人际关系是生活中不可或缺的一部分，对于快乐有着深远的影响。与家人、朋友、同事之间保持良好的互动和沟通，建立起相互信任和支持的关系网，能够为我们的生活注入更多的温暖和幸福。

### 五　保持身心健康

身心健康是获得快乐的关键。通过均衡的饮食、适量的锻炼、充足的睡眠，我们能够保持身体的健康状态。而通过冥想、瑜伽等方式，我们也可以保持心灵的平静，从而在压力面前更加从容。

### 六　培养兴趣爱好

寻找并培养兴趣爱好能够为生活增添乐趣。不论是阅读、绘画、音乐，还是户外运动，都是能够让我们在琐碎的日常生活中找到乐趣和满足感的活动。充实自己的兴趣世界，能够让我们更加幸福和满足。在培养兴趣爱好的同时还能找寻到志同道合的朋友，共同的快乐更是加倍的快乐。

### 七　设定目标和计划

充实的生活是获得双倍快乐的基础，设定明确的目标并制订实现计划，能够让我们在前进的道路上感到充实和满足。每一次目标的实现都会带来一份成就感和快乐，从而成为幸福的来源之一。

### 八　乐于分享与奉献

分享和奉献能够让我们的快乐扩散。无论是通过志愿活动帮助他人，还是与人分享自己的喜悦，都会让我们体验到无比的幸福。与人分享自己的喜悦和财富，也能够让幸福、快乐变得更加丰富和深刻。

### 九　学会放松与调节

生活中的压力不可避免，学会适时地放松和调节自己的情绪很重要。在快节奏的生活中，学会放慢脚步，给自己一些休息的时间。可以是读一本书、散步在大自然中、欣赏音乐，或是享受一次沐浴，这些都能够让我们的身心得到放松，进而保持快乐的状态。

### 十　欣赏当下

过去已经过去，未来尚未到来，所以珍惜当下才是最重要的。无论生活中是否有风雨，我们都应该学会欣赏当下的美好，享受每一个幸福的瞬间。珍惜现在，活在当下，才能够获得真正的幸福。

### 十一　接纳不完美

完美并不存在，接纳自己和他人的不完美，能够减少不必要的焦虑和压力。从失误中汲取经验，从挫折中寻找机会，让我们的幸福更加真实和持久。

### 十二　保持学习和成长

不断学习新知识，不断挑战自己，能够让生活充满活力。从失败中学习，不断进步，会让我们对生活充满希望和乐观。

总之，获得幸福并保持这份幸福感需要积极的心态、良好的人际关系、身心健康的保持以及对生活的热情。追求快乐是一种积极向上的情感，幸福是我们对待生活的态度和选择。通过培养感恩之心、追求内在价值、保持积极心态等方法，我们可以在人生的旅途中收获更多的快乐，并将其融入生活的方方面面，进而获得幸福。让我们从现在开始，用心去感受身边的美好，用行动去创造更多的快乐，让生活更加充实、多彩、幸福！

（刘永得）

# 心灵不妨"钝"一点,生活勇气多一点

人人都希望自己拥有迅速的反应、敏捷的思维,殊不知具备"迟钝"的能力却能让我们更好地鼓起生活的勇气。这种"迟钝的能力"被称为"钝感力"。

### 被讨厌的勇气

日本作家渡边淳一在《钝感力》中提到:"我对别人的评价和嘲讽没有那么敏感,甚至有些迟钝,别人对我的评价影响不大,我只关心自己进步了没有。"他也由此提出"钝感力"这一概念,它不是指一个人行为反应迟钝,而是人们在遭遇困顿和出现负面情绪后仍有厚脸皮对抗外界的积极能力,一种被讨厌的勇气。

钝感力是迅速忘却不快的强大自愈能力,是即使失败仍要继续挑战的百折不挠,是坦然面对流言蜚语的虚怀若谷,是对嫉妒讽刺常怀感谢之心的不矜不伐。

### 告别玻璃心

想要成为高情商的人,还需要一份钝感力。相对敏感而言,钝感虽然会给人迟钝、木讷的刻板印象,却能让人在困境下不烦恼、不气馁。在电视剧《士兵突击》中,许三多被战友称作"许木木",他不仅不恼,还很高兴地应着。正是借着这种钝感力,愚钝、木讷的许三多顺利进入钢七连,成为老 A 标兵。

在契诃夫的短篇小说《小公务员之死》中，小公务员在剧场看戏时不小心打了个喷嚏，发现飞沫溅到了前排坐着的将军头上。敏感胆小的他以为冒犯了将军，于是三番五次去道歉，最后惹烦了将军。

与许三多比起来，这个小公务员就是我们常说的"玻璃心"。我们每天沉浮于舆论场中，并被各种人际关系包围，总免不了磕磕碰碰，总会有人说三道四。言者无意，听者有心，面对这些纷扰，倘若不具备"迟钝的能力"，对别人的负面反馈容易起"过敏反应"，不断在内心"反刍"、纠结，哪里还有前进的勇气呢？

### 如何培养钝感力

懂得倾听自己内心的声音，勇敢地遵循内心所想，才更容易活得轻松，获得幸福。那么如何为敏感设置边界，给心灵加一个"防护罩"？打造钝感力"防护罩"，需要做好这几件事：

**坦然面对非议**　有时候，一些人之所以被诽谤、被议论、被排挤，恰恰是因为往往比那些议论他的人更优秀。只要我们能保持独立思考，正确认识自己，明辨是非，便能不为流言所侵。同时，也要正视某些有意义的消极反馈，从中寻找自身不足。

**迅速忘却不快**　遇到挫折坎坷，与其嗟叹抱怨，不如奋起直追。当重新专注于一件有意义的事时，从前的烦恼与不快也能转化为重新上路的动力。

**做到荣辱不惊**　一个人如果总是被人否定，就会变得自卑；一个人如果经常被人肯定，就会变得自信。但是，我们必须分清表扬与吹捧。虚荣的恭维会滋养出盲目的自信，是穿破钝感力护罩最锋利的利剑。

**内心从容坚定**　"走自己的路，让别人说去吧！"拥有钝感力的前提是内心的从容和坚定。心底意志动摇的时候，就容易对外界敏感。当我们目标清晰，且又能不断收获进步所带来的快乐时，便不容易受他人的行为和评价影响。

　　一千个人眼中有一千个哈姆雷特，我们要学会与很多声音共处，且不被左右。对很多事情不要那么敏感，面对一些人际关系上的龃龉学会淡定处之，不被内心的情绪绑架。推己及人，放开视野；跳出圈外，客观看待。愿你我于生活苦旅，执钝感能力为桨，高扬起勇气的帆。

（孟子傲、马立维）

## 学会调节，成就自我

当生活中涌现出无数难题，当方向与理想的轨迹偏离，不要抱怨，不要气馁。哪怕狂风折断了桅杆，暴雨打湿了船帆，你仍可以藏进心灵加油站的小小港湾，在温柔的细语声中休憩，请听我们诉说自我调节的奥秘，一起来探索成长的真谛。

俗话说"物竞天择，适者生存"，决定我们的并非环境或其他外在因素，而是我们自己。在生活和学习中，我们难免会遇到不如意的事，但怨天尤人、得过且过只会使自己生活得更加痛苦。此时，惟有行动起来，主动调节自我，去改变，去适应，我们才能发现自己更大的潜能，获得更大的成就。但是，我们如何进行有效的自我调节呢？

### 一　恰当的时间做恰当的事

无论是生活还是学习，所有的事都会在它需要到来的时候向你缓缓而来。你无须心急，也不要杞人忧天，在你担心将来的时候，你的这份担心已影响了你的当下。过去的已经过去，未来的还没有到来，我们所能做的就是把当下的事做圆满。

### 二　容忍无法控制的事

生活的每一天都在给你制造惊喜或是惊吓，当你遇到不如意的事时，保持平静，放平心态，学会容忍。既然你无法控制事态的发展，那不如控制自身焦虑的情绪。

### 三　集中注意力提高效率

事倍功半不如事半功倍，提高效率才是关键所在。当你心烦意乱时，在书本上花费的几个小时都不如你全神专注时在书本上花费的几分钟。我们要做就只做有用功，不做无用功！

### 四　减少无用的人际关系

有益的交往是将人与人联系在一起，是思想的交流与精神的触碰，是一种愉悦你我他的活动。

当交往成为一种负担和累赘之时，便失去了它原有的价值，此时，果断放弃才可使你解开心灵的枷锁，重返自由。

### 五　随遇而安，宁静致远

随遇而安并不代表着要你随波逐流，泯然众人。它代表着一种淡然处世的心态，一种人格之上的宁静，不心急、不动怒、不恐惧、不焦虑、不嫉妒……挣脱人格的"七宗罪"，方可在嘈杂的生活中获得一片自身的栖息之所，搭建属于自己的精神殿堂。

调节自我并不是被动的改变，而是主动的尝试，这是一种积极向上的转化，它作用于生活，让你在物质上得到满足；它作用于学习，让你在精神上得到提升；它更作用于人格，让你在灵魂上得到升华。这种调节存在于各个方面，它包括多种方法与途径，由你决定，依你选择，但最终它们都汇集在一个目标——使你有所成就。

发挥主观能动性，记住："人在所有情境下都有选择的可能"。让我们行动起来，主动出击，正确调节，从眼前的现实出发，寻求解决之道，相信在不远的将来定能有所成就！

我们在一望无际的海上远航，不知要历经多少未知的波浪。做自己生活的舵手，直面前路风霜；校准好心中的罗盘，紧随灯塔亮光。平静的湖面练不出精悍的水手，驶过风高浪急的险滩，彼岸的我们，将会变得无比坚强。

（冯凯）

chapter 3
第三篇

# 自我成长

当今社会充满变化与挑战，个体需要持续且有效的自我反思、自我提升、自我成长，以更好地适应社会生活。自我成长是一个持久而充满挑战的过程，通过不断的探索、发现、学习，个体的身体与心理日臻成熟。凭借明确的目标、科学的方法和务实的实践，个体在自我成长过程中不断积累经验，促进自我各方面乃至全方面的提升，进而实现个人价值和收获幸福。

本篇收录了十九篇文章，围绕自我接纳、阅读提升、毕业生心理、女性心理等涉及大学阶段自我成长的若干方面，探讨了自我成长的重要性，分享了提升个人能力、心理韧性等的经验与方法，帮助大学生更好度过和利用大学生活、开启从学生走向社会人的成长之旅。

## 深沉耕耘，静待花期

最近你有认真独处吗？洋洋洒洒地书写，不被消息提醒干扰；愉悦舒展地跑步，抛却急功近利的念头；或者只是专心地做手头的事情，保持一两个小时的静默……

当我们回顾过去相当长一段时日，极有可能发现，我们时常潜在压力下屏息拼搏，浮在焦虑中不安忙碌，似乎没有什么比挤上拥挤的车更为重要，独自静静盛放像是为了掩饰落寞的辞藻。像章鱼一般往四面八方伸出触手，我们极力开拓人际网和事业线，期望快速斩获，却在面对风险和失利时无法决然放手，反而时常深陷自我怀疑的内耗之中。

"天清江月白，心静海鸥知。"相较于古诗词里令人沉浸其中的自甘恬淡，我们的追逐多少显得有些心浮气躁了。

其实，我们真的不必如此焦虑，人与人的花期各不相同，为抢先拥有而进行盲目的角逐并不值得。细想身边琐碎的例子，有人花几分钟泡一碗方便面，有人耗费几小时煲一锅养生汤；有人路过花店买一捧剪了根的花，有人悉心灌溉只待年年花枝满头。最先上的菜往往是凉拌黄瓜，最香的酒偏爱藏在最深的巷，块头大的豆包第一口总咬不着馅儿……怀着耐心走着瞧，好戏往往在后头，拥挤在人群里吵吵嚷嚷、争先恐后意义几何。

海明威曾说："优于别人，并不高贵，真正的高贵应优于过去的自己。"如果一定要选择比较的对象，那么以上一个时间坐标点中的自己为对照未尝不可。挑战、战胜、超越自己着实是一件令人自豪的壮举，但这也同时意味着更为理智的追寻，需要收敛心智集中自律和更加深沉的耕耘，需要脚踏实地坚定不移。

在力求优于自我的道路上前行，每一次成功都值得庆贺，每一次失败也并不可耻。处于螺旋上升的结构，挫折将积聚经验，在坚持中升华，为最终的辉煌铺就道路。当我们认识到，前进路上的失败绝不是终点，而很可能绝地逢生，成为通向坦途的转折点，信心就会重燃，士气也将大增。

不被磨难打倒的勇气可嘉，不被胜利冲昏头脑的理智同样可贵。纵观历史，不少人战胜了艰难万险，却败于短暂胜利的温柔乡。万事万物都在永恒的变化之中，谨慎对待凭借胜利之果一劳永逸的幻想，促成胜利的原因瞬息万变，稍不注意，硕果也将掉落蒙尘。陶醉于喜悦的停顿不宜过久，重新升腾起使命感，昂扬起风帆驶向生活的惊涛骇浪，在付出劳动的同时感受充实，才能领略人生的无限风光。

从明天起，敞开胸怀从容自在，喂马、劈柴、周游世界的诗意生活虽较难触及，我们仍可在追随本心的奋斗征途中不断寻觅到"小确幸"，它们或许暂时隐在尘雾里，但一经发掘必灿若星辰。

（谈畅）

## 远离内卷，轻装前行

"内卷化"一词，最早是由人类学家吉尔茨在研究印度尼西亚的水稻农业时提出，用来描述农业生产不断重复再生产，不能提高单位人均产值的现象。现在成了网络流行词，表示高强度的不合理竞争使人精疲力竭。

合理的竞争能够激发个体的潜能，推动社会的发展。但是过度的、不合理的内部竞争，就会导致个体的"收益努力比"下降，让参与竞争的人不仅身心疲惫而且容易出现迷茫，这就出现了"内卷"，也就是人们天天感叹的"太卷了"。

那么，在非常容易就出现"内卷"现象的今天，应该怎么做才能使自己不陷入迷茫和疲劳中去呢？

### 一　他强任他强，清风拂山岗

当我们不小心陷入一场"内卷"，或者说陷入因为过度竞争导致身心疲劳的循环中时，需要我们有极强的定力。我们需要明确自己的目标，包括长期目标和短期目标，坚定的目标能激发内心强大的定力，那么我们便能够像一座岿然不动的高山，无论周围环境的各种扰动有多么强势，于我们而言，不过都是拂过的阵阵清风罢了。

### 二　在哪里跌倒，就在哪里躺一会

适时的休整可以让我们下一次的出发走得更轻快。当我们因为身边的过度竞争而疲惫不堪、迷茫困顿时,不妨跳出这个混沌的怪圈,停下来歇一歇,背起行囊去往一个陌生的地方,戴上耳机让自己被曼妙的音符包裹,都是不错的选择。回头看看自己走过的路,再看看自己所处的环境,才能更了解自己想要什么、该往哪儿去。你只须记住,只要你站起来的次数比倒下多一次,你就能赢!

### 三　一个人可以走得很快,但两个人能走得很远

如果能找到一位同行的旅友,那么一路上的风景,难道不会更难忘吗?诗人约翰·多恩在《丧钟为谁而鸣》中写道:"没有人是一座孤岛,可以自全。"的确,在如今这样一个快节奏的世界里,学会待人处事更是现代人不可或缺的基本素质。纵使人心难测,我们也不能将自己独立于尘世之外。无人分享、无人支持的个人奋斗无法长远,因为孤立的人生是难以自全的,更没有人是一座孤岛,令人无法靠近。朋友间的相处也是这个道理,一个人或许走得更快,但两个人一起才能走得更远。

努力虽好,但要警惕陷入"内卷"的怪圈。尽己所能便是最好,在疾步向前的同时也要适当放慢脚步,让美好如期而至。

(蔡临涵)

# 用压力浇灌人生繁华

在生活中，我们不可能总是风平浪静、轻轻松松、顺顺利利，或者永远都眉头舒展、随心所欲、要风得风、要雨得雨，而是要经历很多的痛苦和磨难！

其实人每一天都有可能遇到很多的不愉快。每天你总有可能碰到和自己对着干的人，或者遇到看不顺眼的家伙，或者听到极不顺耳、不中听的话语，或者遇到非常棘手的事和非常残酷的环境。我们不免会这样想：要是这个人从周围消失就天下太平了，要是我能离开残酷的环境就万事大吉了。过多的压力是有害的，也会对我们造成负担，但大家是否想过，完全没有压力就真的好吗，难道压力真的只有它的有害面吗？实则不然！

### 压力让生命更强健

一位动物学家对生活在非洲大草原奥兰治河两岸的羚羊群进行过研究，他发现东岸羚羊群的繁殖能力比西岸的强，奔跑速度也不一样，每分钟要比西岸的快13米。

对于这些差别，这位动物学家曾百思不得其解，因为这些羚羊的生存环境和属类都是相同的，饲料来源也一样。

有一年，他在动物保护协会的协助下，在东西两岸各捉了10只羚羊，把它们送往对岸。结果，运到西岸的10只一年后繁殖到14只，运到东岸的10只剩下3只，剩余7只全被狼吃了。

这位动物学家终于明白了，东岸的羚羊之所以强健，是因为在它们附近生活着一个狼群，西岸的羚羊之所以弱小，正是因为缺少这么一群天敌。

没有天敌的动物往往最先灭绝；有天敌的动物则会逐步繁衍壮大。

### 有压力才会有动力

胡辛曾说过："没有高压，石油不会自己冒出来，压力会变成动力。"在我们周围，现在经常会听到一个词："压力山大"。

大家听了都会心一笑，这正是对如今我们背负太多压力的一种调侃。其实压力无处不在，消极的人选择逃避、退缩，积极的人会挺身面对，将它转化成让自己更强大的动力。

如果讨厌的人和一切逆境都消失了，那么给你带来刺激和压力的要素也随之消失，你获得锻炼和造就的机会同样消失，失去那些刺激和压力的你也就越来越容易变得迟钝和麻木，变得弱小甚至堕落，从此一蹶不振。

### 辩证看待压力有助成长

马车载重轻，就会发出噪声；而马车满载，就会发出和谐的声音。这一切的不同在于马车本身的负重，换言之就是所受的压力不同。

**拍球效应**

拍球效应是指个体或者群体在工作和学习的过程中，负担的压力越大，人的潜能将会得到更加充分的发挥；反之，负担的压力越小，人的潜能的发挥程度就越小。

如果能合理地利用拍球效应，我们的潜能将会得到更加充分的发挥，学习能力、工作能力也将会得到更快的提高，并取得更大的成绩。

在压力与动力面前，就看我们如何选择了。我们是选择被迫去做，还是以乐观积极的心态去做。后者会得到更积极的生活体验，所做出的效果和成绩也会事半功倍。如果是采取消极悲观的态度去面对和处置，你不但每天心情不愉快，生活不幸福，办事效率降低而且还容易出差错，也会导致人际关系紧张，身体甚至可能会出问题。所以，千万不要讨厌折磨自己的东西，相反要当作磨砺去接受，压力变动力，这是一条成长和发展的必经之路。

"大雪压青松，青松挺且直"，只要承受住一时的压力，"大雪"就会融化，成为滋养的清泉。孟子也曾经说过："天将降大任于是人也，必先苦其心志，劳其筋骨，饿其体肤，空乏其身，行拂乱其所为，所以动心忍性，曾益其所不能。"生命有如铁砧，愈被敲打，愈能发出火花。铁砧不断被敲打迸出火花，玉米在巨大压力下成为美食。人负着压力前行，脚步会变得更加稳固。

成长是瓜，压力是藤，藤的缠绕是为了让瓜更好生长；成长是枝叶，压力是剪刀，剪刀的修剪是为了让枝叶更加繁密；成长是风筝，压力是风筝线，风筝线的牵绊是为了让风筝飞更高。所以，请让压力陪伴我们前行，我们的灵魂会更加坚韧，人生会开出璀璨的生命之花。

（项宗麒）

# 跟我学"四步走",帮你克服"拖延症"

"拖延症"是指自我调节失败,在能够预料后果有害的情况下,仍然把计划要做的事情往后推迟的一种行为。拖延是一个复杂的心理问题,常常对人们的生活造成严重干扰,让人难以完成自己所预设的目标,即便勉强完成也往往在此期间经受极大的痛苦与挣扎。对此我们要直面问题,科学应对。

### 第一步:适时回顾总结

回忆自己最近拖延的两三件具体事项,以旁观者的身份进行观察,梳理具体的拖延心理和行为,盘点在拖延某件事情时自己内心的纠结与挣扎,想一想是什么诱发了自己的拖延?感受又是什么?如果在此过程中产生焦虑、抑郁等负面情绪,请不要对自己过于苛责,努力平息负面情绪,启动内心的"辩护律师",寻找内心的友善声音,想一想自己从这段经历中能吸取哪些经验教训。

### 第二步:科学制订计划

缺乏目标或含糊不清的目标往往更容易引发拖延,如"我要成为骨干""我要停止拖延"等。一个人的时间和精力是有限的,过于宏观的目标往往会阻碍事情的推动,影响目标的达成。可以将宏大目标分解为一个个"小目标",在时间的设定上也要越短越好,这样才更容易达成目标。每个任务节点完成时的正向反馈,也会给你带来更大的进步感和成就感。

### 第三步：平衡时空维度

从心理学上看，拖延者往往更容易使自己的内心处于具有潜在可能性的模糊时空状态，而不愿使自己处在具体、有限的框架之内。迟滞在过去，既无法享受现在，也难以筹划未来；迟滞在现在便无法从历史经验中受益；迟滞在未来则难免使自己陷于空想。要注意不要使自己深陷于某个时空之中，在过去、现在、未来三个维度取得认知上的平衡，只有这样才能更好地付诸行动、把握当下。

### 第四步：保持愉悦身心

使身心处于和谐的状态，可以让自己准备得更加充分，有利于更好地处理各类待办事项。一方面，通过运动给自己赋能，科学研究表面，运动会刺激身体产生内啡肽，提升愉悦感和幸福感，排遣压力和不快；另一方面，通过正念给自己减压，当拖延发生，请给自己更多的包容而非苛责，使自己保持轻松、平静、稳定的状态，让自己更有力量同拖延抗争。

（韩天阳）

## 不和过去纠缠,不跟自己为难

不知道从什么时候起,很多人变得开始焦虑起来。明明日子越过越好,我们的快乐却好像越来越少。

你是否也曾在夜深或独处时,脑海中总是在不停回忆往事,后悔当初的处理方式,幻想着产生更美好的结果;你是否会因为在公众场合的一点小失误而懊恼不已,大家善意的微笑被你当成嘲笑,觉得自己脸上无光,陷入深深自责;你是否因为今天被领导批评了,而怀疑自己的能力,没有干劲,感觉前途迷茫。

每个人都有自己的不完美,过去也难免留有遗憾。即使过去多失败,也不要和过去纠缠,不要跟自己为难。生活的压力无处不在,如果不懂得舍弃和放下,那只能将自己困在无穷无尽的精神牢笼中。而这种现象,就是我们常说的"精神内耗"。

在这个日新月异的大数据时代,高速的生活节奏,爆炸式增长的信息,人们无时无刻不承受着来自工作、生活的压力。有的人乐观豁达,顽强拼搏,而有的人却郁郁寡欢,消极避世。

之前,在网络上爆火的视频《回村三天,二舅治好了我的精神内耗》,11分27秒的视频浓缩了二舅充满波折又庄敬自强的一生。影片中的二舅重叠了无数普通人身影,遭遇不幸却致敬生活,艰难生活却依然热爱生活,过着普通平凡却又伟大的一生。身怀奇才的二舅挣扎在命运的不公里,却没有失去对生活的期待,不停留于过去,始终保持心中美好,善良又知足。

正如诗剧作家王尔德所说：生活在阴沟里，依然有仰望星空的权利。现实的日子无法处处充盈着诗意般的美好，总有绕不开的一地鸡毛。避免活在过去，活在遗憾里，活在完美主义的世界里，这才是真实快乐的人生。终日遗憾，最终只会遗憾一直在遗憾过去。"如果你因失去了太阳而流泪，那么你也将失去群星了。"这是泰戈尔对遗憾的解释。

### 当行则行，当止则止；当生则生，当死则死

当行则行，便是要顺着良知而行。当止则止，则是了解自己的局限、底线而止。当生则生，当死则死，是面对生死之事时直击心灵的考验。尽力做好自己的事，不去做自己能力范围之外的事，便没有什么可以忧愁的事情了。如果能够顺着自己的心，不做违背良心的事，也就不会担心遭到道德的谴责，更没有什么可以害怕的事了。了解自己心灵的界限，生死亦无畏，又何况行与止呢？

### 不要让昨天占用今天的时间

不拘泥于过去，过去的事情已经发生了，就算我们再后悔，再遗憾，再想回到过去，都没有办法。世上没有后悔药，拘泥于过去，我们只会反反复复让自己掉入精神陷阱，而且我们并不能真的改变这些已经发生的事实。正如电影《大鱼海棠》中所说：人总会遇见一个人，犯一个错，然后欠下些什么，你还不清的。

人这一生，总会有遗憾的事情，不畏惧它的发生，不留恋于过去，我们就能大大缓解自己的内耗。集中精力，过好眼下每一分、每一秒。很多时候，我们过得太苦，不是因为我们所处的境遇太糟，而是因为我们反复去揭开结痂的伤疤。始终计较过往，那只会被过往反复伤害。季羡林先生就在《一生自在》中说过：如果不能忘，那么痛苦会时时刻刻都新鲜生动，时时刻刻剧烈残酷地折磨你，不

如放下，淡漠、再淡漠、再淡漠。

### 接纳真实的自己，拥有被讨厌的勇气

大多数人都想成为一个优秀的人。小时候，每个人的梦想都闪闪发光。人在评价自身的时候，往往会比实际估值得要高，我们也总以为自己会是这个世界的主角。但现实往往是残酷的，在摸爬滚打多年之后，我们或许才会明白，人生太多的悲剧，都源于想当然。很多人光是活着，已经用尽了全部的力气。承认自己的不完美，拥有被讨厌的勇气。既然被讨厌是一种常态化，是规避不了的，那就试着去接受被别人讨厌。不过分苛求自己，正如金无足赤，人也无完人，适当的妥协，也许可以给自己带来更多的机遇。

大多数的人生活在巨大的精神消耗中而不自知。接纳自己的平凡，在平凡中发现生活的闪耀。耕耘好自己的平凡，也是非凡的人生。正如罗曼·罗兰说：世界上只有一种真正的英雄主义，那就是在认清生活的真相后，依然热爱生活。

（谢盟盟、孔志贤）

## 阅读的力量

"对党忠诚、为国争光，艰苦奋斗、无私奉献，志存高远、创新超越"，短短24个字，正是太原卫星发射中心的新时代"岢岚精神"。"岢岚精神"同"两弹一星"精神、"995工程"精神一脉相承，是赓续传承航天人的精神血脉，是航天发射任务取得连战连捷的瑰宝。

我是一名太卫航天人，一名发射场上的普通记者。宣扬航天精神，谱写航天事业，歌颂航天功绩，是我们每一名航天人的职责，但让作品或成果更有灵魂、更接地气、更加实用，离不开阅读的帮助。

阅读首先让我的工作生活变得更加自信，同时也让自己避免了故步自封。阅读的作用价值涉及方方面面，把读好书、好读书积极融入人生的每个阶段，能让我们的思维更好、心态更稳、目标更实，屏幕前的你是否也有同感。

你喜欢阅读吗，你有阅读的习惯吗，你体味过阅读产生的力量吗？你会怎么回答，又会做何选择，如果你还没有答案，那就抓紧时间阅读吧。

毛泽东一生酷爱读书，光《共产党宣言》他就读了上百遍。中国的企业家平均一年要读50本书，其中一位知名企业家每年阅读量高达300本。而联合国教科文组织的一项调查显示，全球阅读排名第一、获得诺奖最多的犹太民族，平均每人一年读书64本。

"读史使人明智，鉴往而知未来"，一本好书，凝结着作者半生甚至一生的经历和感悟，是每个读者不可多得的一面"镜子"。对照这面人生的"镜子"，可以从阅读中学会思考，从思考中捕捉灵感，从灵感中获得顿悟。

如果你还没有养成阅读的习惯，那就从此刻开始阅读吧，不找理由、不找借口，抛开惰性、持之以恒，慢慢地你会发现，阅读会助你修正人生航向、升华思想境界、创造社会价值，帮你一步步实现自己想要的人生。

无论此刻的你是学生、工人、农民、商人、医生、公务员还是航天人等等，想要拥有自己的人生信条，阅读便是形成人生信条的一条捷径。与此同时，不做毫无意义的内耗，追求只争朝夕的进步，最终你会感谢阅读带给你的一切。

古往今来，有眼界、有格局、有成就的人，都离不开阅读和学习。常言道，吃不了读书的苦就要吃生活的苦，"人求上进先读书，鸟欲高飞先振翅"，不管你是甘于平凡，还是理想远大，抑或是迷茫无助，阅读总能使你受益匪浅。

时代日新月异，发展瞬息万变。小到学生之间的竞争，大到社会之间的竞争，再到国际之间的竞争，实质上就是人才的竞争，只有善于阅读、勇于创新的人才，才能成长为祖国真正需要的人才，吾辈当"为中华之崛起而读书"。

（李剑）

# 以书润心，与智同行

古语有云："书中自有颜如玉，书中自有黄金屋"。

心灵的荒芜往往是因为知识的贫乏，书籍之所以被称为"心灵解药"，是因为通过读书，可以从他人的视野中增长见识，开阔自己的视野；通过读书，亦能够从他人的经验中获得启迪，给我们更多的思考和解决问题的方法；通过读书，还能够在喧闹的生活中还给自己心灵的沉静，通过读书用"停一停，想一想"的方式告别"逆水行舟，不进则退"的急功近利的心理，让心灵"归零"。

因此，我们应当营造"多读书、好读书、读好书"的良好氛围，让读书成为一种生活习惯，在读书中远离尘世的喧嚣，享受心灵宁静的快乐。如何能"多读书、好读书、读好书"呢，下面我想和大家解锁三道题，来一起感受读书的魅力。

## 类型多种多样，如何能选好书

### 知识点之一：读马克思主义经典、悟马克思主义原理

认真研读马克思主义经典著作对于我们个人思想境界的提高具有重要作用。马克思主义经典著作思想深刻，要深入理解马克思主义的精神实质和思想精髓，必须专心致志地读、原原本本地读，努力掌握贯穿经典著作中的马克思主义立场、观点、方法，学懂、学通马克思主义基本原理。

如果我们能够认真研读马克思主义经典著作，在读书过程中不断接受马克思主义哲学智慧的滋养，便能在内心开辟一条通往真理的道路。

### 知识点之二：缺什么补什么，提高工作能力

我们应当围绕提高思想水平、增强工作能力、完善知识结构、提升精神境界，选择那些与自己所从事的工作关系密切、自己爱好和有兴趣的书来读，力争在有限的时间内取得最佳的读书效果。

就一般情况而言，我们普遍应当读下列三个方面的书：第一，当代中国马克思主义理论著作。第二，做好工作必需的各种知识书籍。第三，古今中外经典名著。我们通过不同的书籍领略不同的风土人情，或悲或喜，以不同的视角看待世界，接纳与自己不同的声音，你会变得更加包容，可以吸收其中的营养价值、知识价值、智慧价值，在书中见自己、见天地、见众生。

## 太忙不是理由，如何善读书

### 知识点之一：坚持阅读与思考的统一

借用王国维提出的治学三境界，读书学习也应该有这三种境界，要坚持独立思考，学用结合，学有所悟，用有所得，要在学习和实践中"众里寻他千百度"，最终"蓦然回首"，在"灯火阑珊处"领悟真谛。

读书，我们既须苦学，还应善读。古人云：学而不思则罔，思而不学则殆。书本上的东西是别人的，要把它变为自己的，离不开思考；书本上的知识是死的，要把它变为活的，为我所用，同样离不开思考。

读书学习的过程，实际上是一个不断思考认知的过程。思考是

阅读的深化，是认知的必然，是把书读活的关键。如果只是机械地阅读、被动地接受、简单地浏览，没有思考，人云亦云，再好的知识也难以吸收和消化。

### 知识点之二：要锲而不舍、持之以恒

读书是一个长期的、需要付出辛劳的过程，不能心浮气躁、浅尝辄止，而应当先易后难、由浅入深、循序渐进、水滴石穿。正如荀子在《劝学篇》中所说："不积跬步，无以至千里；不积小流，无以成江海。"

古人有云：腹有诗书气自华，读书万卷始通神。其实我们不必抱怨没有大块时间去读书，假想一下：每天看一页纸，一年就可以看完一本中等厚度的书，如果一天看十页书，一年就能看十本书，打败我们的不是现实，而是没有坚持下去的勇气。坚持读书也许不能解决眼下的难题，但是它可以为你在心中积蓄冲破一切险阻的力量，那些读过的书，会一本本充实你的内心，让空乏单调的生活变得五彩斑斓。

#### 书的魅力何在，为何要"爱读书"

林语堂在《生活的艺术》里说："人一定要时时读书，不然使会鄙吝顽腐，顽见俗见生满身上，一个人的落伍，迂腐，就是不肯时时读书所导致。"只有在不断阅读的过程中，修身养性，让自己不再困在情绪里。对于我来说，读书可以在我焦虑不安时，抚平我急躁的心绪；在深夜困顿难眠时，让我开怀释然。

俄国哲学家、作家赫尔岑说："书籍是最有耐心和最令人愉快的伙伴，在任何艰难困苦的时刻，它都不会抛弃你。"

当你迷茫的时候打开书，你会听到梭罗在《瓦尔登湖》里说，人生如果达到了某种境界，自然会认为无论在什么地方，都可以安

身。然后你会醒悟,原来我们终其一生,都处于不断迷茫之中,去寻找一种此心安处是吾乡的生活。

当你感到生活琐碎的时候,打开书你会听到茨威格在《人类群星闪耀时》里说,人类最伟大,最生死攸关的时候,往往发现在某个特定的瞬间,而这个世界总是要经过漫长的等待之后,才会出现这一群星闪耀的时刻。读完以后你会变得超然,然后忍不住抬头仰望满头的繁星,生活里的一地鸡毛又算得了什么呢?

有时候我们会觉得孤单,满腹心事无人对话和诉说,那不妨打开一本书吧。因为有一个同样孤独的灵魂,在昏黄的灯光下,把所有的思考、技艺、心事都通过文字向你倾诉,带你到达你无法到达的远方,也带你经历从未经历过的人生,不断涤荡阅读者的内心。

读书的意义不在于我们能去改变什么,而是去通过书中的文字体验人生的百态,丰富自己的心灵;通过阅读,我们能打开自己从未接触过的世界,打开自己的眼界,自己的格局;通过阅读,我们能感受到文字带给我们的力量,并借助这种积极向上的力量去温暖他人。

最后和大家分享一句话自己喜欢的话共勉:每一本书都像一扇任意门,你想去哪里,都由你自己决定。读书,世界就在眼前;不读书,眼前就是世界。

(王姜宇)

# 告别抱怨，收获成长
## ——阅读《不抱怨的世界》有感

抱怨远比你想象中的常见，它几乎遍布于生活中的各个角落，你对别人的批评指责、向别人诉苦、说身体哪个部位不舒服等都属于抱怨。抱怨是人之常情，但却是一件没有意义的事情，就像书中所说，"抱怨也许是一贴心灵的镇痛剂，但是久而久之，抱怨就成了难以戒掉的鸦片"。

《不抱怨的世界》详尽分析了抱怨对人生各个方面的危害，阐述了帮助人们远离抱怨的方法和技巧，传授了不抱怨的智慧。

前言中提到：人类的烦恼起源于困难本身，但让烦恼得以延续下去的却是抱怨。心理学家研究发现，人们所有的负性情绪不断滋长的根源就在于抱怨。此书围绕四个方面展开：不抱怨的世界、不抱怨的智慧、不抱怨的工作、不抱怨的自己。

### 一 不抱怨的世界

在书的一开始介绍了一项紫手环运动，这个运动大致可以概括为：发现自己抱怨的时候，将手环移到另一只手上，21天内不抱怨就算成功。我们需要注意，一定不能把抱怨当成习惯，习惯了抱怨，人就总是关注于生活中不好的一面，进而陷入恶性循环。亚里士多德说过：生命的本质在于追求快乐。我们随时都有选择快乐的权利，多给自己积极的心理暗示，不给负性情绪留余地。

## 二　不抱怨的智慧

书的这一部分包括四个小节：别抱怨，每一个人的人生都有坎坷；用感恩的心驱走抱怨的"恶魔"；学会忍耐，让宽容代替抱怨；知足，让抱怨无处停留。

很多时候，我们抱怨的对象是一些无法改变的事情，既然改变不了，不如冷静接受。天无绝人之路，内心充满希望，可以增添一分勇气和力量，可以支撑一身傲骨，而对生活常怀感恩之心的人，遇上再大的灾难都能熬过去。忍耐是一剂良药，知足是一生的财富，知足者常乐，抱怨源自不知足，有时候错过花，我们却能收获雨。

## 三　不抱怨的工作

这一部分讲的是面对工作和公司应该保持积极乐观的态度。抱怨工作不如热爱工作，带着怨气工作不如带着快乐工作，让工作成为愉快的旅程。兴趣是保持工作激情的源源不断的动力，也是获得成功的重要条件，兴趣与热情可以有意识地培养，书中提到了四个有效方法：保持乐观积极的心态；用成就感激励自己；努力寻找工作中的乐趣；深入了解工作特点。

面对工作，要相信办法总比困难多，运用正确的方法解决问题，不断提升自己，总能够少一些工作中的抱怨。

## 四　不抱怨的自己

心里不是堆积"垃圾"的地方，必须及时清空自己的坏情绪。面对不如意，我们大多是在期望环境或他人能根据自己的情况改变，而一旦期望落空，自己的情绪会变得低落，进而产生抱怨，如果能够意识到问题面前最需要改变的是自己，很多事情都会变得美好起来。与此同时，我们需要接纳不完美的自己，一个人不会让所有人满意，别太在意别人的眼光，生活在别人的眼光里，会抹杀自己的光彩，会找不到出路。不断修正自己、愉悦自己、充实自己才是正解。

　　人生总有诸多不如意，战胜失意才能得意。在你手中，正掌握着反转人生的秘密。

（周思言）

## 再见，毕业焦虑！
## 期待，顶峰相见！

少年眼中尽是盖世英雄梦，少女心中皆是似水柔情乡，知足上进不负野心，各自努力顶峰相见。

——送给毕业的每一个你

"又到凤凰花朵开放的时候，时光的河入海流，我们终于分头走……"时光似水流，在那个青葱的夏天，我们昂首阔步走进了大学的校门；在这个蝉鸣不止的夏天，我们安静地回头，对这个充满故事的门说再见。即将从自己熟悉的大家庭奔赴下一场山海，面对分离，五味杂陈，心中留恋不舍但又期待着新的起点。我们该如何处理好分离的复杂情绪呢？针对这几个问题，我想结合自身实际跟大家分享几点小妙招。

**问：虽然一年一年长大，但还是不知道怎么面对分离，怎么办？**
**答：改变对"分离"的认知，勇于接纳和表达分离的情绪。**

"天下没有不散的筵席"，从小到大，每个人其实都已经面临过了许多分离，第一次上幼儿园，第一次寄宿住校，第一次离家读大学……心理学家认为，分离能促进一个人真正的成长。和熟悉的人分开确实会让我们感到感伤，但分离也让人更加独立自主，更加坚强勇敢，更加成熟稳重，更有能力和信心去面对和迎接新的机遇和挑战。

分离看似很遥远，但终将分手的日子一步步靠近。当分离这天来临时，去感受自己的情绪，让情绪自然地流露出来，不去压抑，感受情绪背后自己在意的是什么，是对分离的不舍与眷恋，对分离的伤感与惆怅，还是对前路的迷茫与不确定，抑或是对未来的兴奋与期待？只是一句"我会想你的！别哭了，抱一个！"都会让我们心中暖暖的。纵使天南海北，一个电话、一句问候都能唤醒心中那一份思念。

**问：伤感可能会伴随我很久，甚至会让我产生焦虑，怎么解决？**
**答：分析产生分离焦虑的原因，"对症下药"，处理应对。**

分离焦虑在学生时期表现得比较明显，这时大家普遍社会阅历较少，不能很好地适应陌生感。其实，成人也会产生分离焦虑。毕业意味着离开熟悉的环境、同学和朋友，来到一个陌生环境中。面对陌生环境的未知和不确定因素时，自己会找不到那种归属感和安全感，爱与被爱、尊重等需要可能在新的环境中得不到适时的满足。这些情况都会引发分离焦虑。多和老同学打打电话，听听熟悉的声音，多找找学校的老师，他们都会是你学习、工作路上最坚强的后盾。当然，在新环境下自己也要尽快熟悉、了解新的环境，结识一些新的朋友，满足自己归属和爱的需要，尽快融入新的学习或工作环境中，都可以一定程度上缓解分离焦虑。

**问：天南海北，我们真的还能再相见吗？**
**答：积极计划再聚的方式，经常打个电话。如果未来能相聚，这是缓解分离焦虑的良药。**

分离亦是成长，"莫愁前路无知己，天下谁人不识君"，有时候分离是为了更好的欢聚！比如，宿舍四个人在毕业时的约定：放假先去看谁。渐渐地，小聚成了温暖的驿站，彼此保持着长久的友谊。又比如，同宿舍、同专业的大学同学保持着放假时间凑到了一起就一聚的习惯，即使各自在不同的领域、不同的地方忙碌，到了约定时间，还是会准时赴约，度过欢声笑语的一天。

这样的计划，能减弱离别带来的失落感。未来的相聚，仍让天南海北的每一个人心怀温暖、充满期待。

同学们，那天道别的，是同学，也是青春。希望每一个人都准备好了与青春挥手，也准备好了到岗位一展身手。虽有万般不舍，但离别是为了更好的重逢，余生很长，愿我们顶峰相见。

（孙广博）

## 对生活少一分抱怨，多一分热爱

罗曼·罗兰曾经说过："只有将抱怨环境的心情，化为进步的动力，才是成功的保证"。不可否认的是，我们每个人都有抱怨生活的时候，无论是因为工作、学习、家庭还是其他原因。但是，别让抱怨拖累自己，要学会热爱生活。

首先，我们需要认识到抱怨会伤害自己的身体。

它会导致免疫力下降、内分泌紊乱，且会抬高血糖指数和增加患心血管疾病的风险，对身体造成极大的内耗和伤害。有这样一个事例，两个对生活态度截然不同的人，一个整天怨天尤人，另一个对生活充满热爱，结果到晚年时，一个重病缠身，而另一个身体依旧健康。由此可见，生活态度的不同对身体有多大的影响。

其次，抱怨并不会解决问题，只会浪费时间，让自己错失一些机遇。

第二次世界大战著名将领巴顿将军在他的回忆录中讲了这样一个故事：我要提拔军官的时候，常常把所有符合条件的候选人集合到一起，让他们完成一个任务。我说："伙计们，你们要在仓库后面挖一条战壕，8英尺长，3英尺宽，6英寸深。"说完就宣布解散。我走进仓库，通过窗户观察他们。我看到军官们把锹和镐都放到仓库后面的地上，开始议论我为什么要他们挖这么浅的战壕。有的人抱怨说："6英寸还不够当火炮掩体。"还有一些人抱怨说："我们是军官，这样的体力活应该是普通士兵的事。"最后，有个人大声说：

"我们把战壕挖好后离开这里，那个老家伙想用它干什么，随他去吧。"巴顿写道："最后的那个家伙得到了提拔，我必须挑选不抱怨就能完成任务的人。"

最后，抱怨会破坏自己的人际关系。

不停的抱怨会让人感到疲惫和无力，而且会给身边的人带来负面情绪，容易引起别人的厌烦和恼怒，在这种情况下，即使是最好的朋友也可能会疏远你。

抱怨是把放大镜，如果你盯着它看，它就会放大你的负面情绪。但是如果把抱怨变为对生活的热爱，那么生活便处处充满了彩色。

那么，我们应该怎样调节自己，让抱怨离我们远去呢？我有以下几个建议分享给大家。

### 改变自己的态度

我们可以尝试从积极的角度看待问题，寻找解决问题的方法。例如，如果我们觉得工作太累了，我们可以尝试调整自己的工作方式，或者寻找一些放松的方式来缓解压力。遇到批评与指责从好的方面去想，批评会促使自己成长，有了这次错误的经验，下次就不会再犯。

### 改变自己的行为

尝试去做一些有意义的事情，例如，参加志愿活动、学习新技能、结交新朋友等等。这些活动可以让我们更加充实和满足，也会让我们忘记那些不愉快的事情，增加生活的乐趣。

### 改变自己的心境

花一点时间去看看花开，去看看山海，去幽静的森林里沉思，去领略祖国大地的美好。让自己的心境变得更加开阔，不再拘泥于一件小事。不要为一件小事郁闷太久，阳光总会落在你身上，你也会有自己的宇航员与月亮。

即使是滔天巨浪也终将化为弄潮儿的冲浪板，我相信我们每个人都是时代的弄潮儿。那么，与其在凄凄哀哀的抱怨中混沌度日，不如把时间都用在努力热爱生活上吧！

（唐启锋）

# 莫问前程几许，只顾风雨兼程

岁月的美在于它的流逝，春花、夏日、秋月、冬雪，我们在岁月流逝中成长，不知不觉已经搭上了通往校园生活最后一站的列车。在青春路上，纵然有许多不舍，我们最终都要下车远行，迎来人生的下一场历练，为航天强国贡献出自己的一分力量。

面对毕业，大家充满憧憬，又有一些迷茫。但与其惶恐不安，不如用良好的心态、充分的准备、积极的思想去主动迎接。

### 行之力则知愈进，知之深则行愈达

与其四处"凿井"，不如找准方向，花同样的时间和精力去"凿一口深井"。大四下半学年是人生的重要转折点，我们在完成学业的同时，更要开阔眼界、增长知识、提升素质、磨炼心态。

深入学习实践，理论知识才能不断增长，而有了更深刻的理论基础，实践才有方向。因此，在迷茫时提升自己就是最好的选择。保持足够的耐心和信心去行动，用自己的行动去消除焦虑，照亮黎明前的黑暗。

### 虚心竹有低头叶，傲骨梅无仰面花

当我们真正进入工作状态后，最大的忌讳就是自大自满，总想展现自己四年学习的成果，结果好高骛远、急于求成，被周围的热闹和喧嚣影响，出现飘飘然的错觉。

沉淀自己是对自己最好的馈赠。当我们的能力还不足以驾驭目标时，应该摒弃杂念，沉下心来历练。信手拈来的从容都来源于厚积薄发，在工作岗位上认真打磨自己，慢慢就能变得波澜不惊。

山不让尘，所以巍峨；川不辞盈，所以宽阔；涓涓细流，终成江海。耐得住性子，守得住繁华，扛得过低谷，我们终将会变得更强大，通往属于自己的成功之路。

**再回首，轻舟已过万重山**

席慕蓉说："挫折会来，也会过去，热泪会流下，也会收起。"或许走出校园迎来的新生活符合你的预期，又或许会和理想有很大的差距，但希望我们既要有"直挂云帆济沧海"的胆魄信念，更要有"轻舟已过万重山"的坦然自若。

我们无法弥补过去的遗憾，但是可以改变现在的心态。在通往未来的路途中，有海浪滔天的奇观，也有雨过天晴的彩虹相伴。回头看，轻舟已过万重山；向前看，前路漫漫亦灿灿。

生活没有标准答案，每个人都有自己的选择。"行到水穷处，坐看云起时"是选择，"卧薪尝胆，三千越甲可吞吴"是选择，"会当凌绝顶，一览众山小"也是选择。

不论选择什么，我们都要心怀热爱奔赴山海，更要坚持初心不忘使命。愿以寸心寄华夏，且将岁月赠山河！

（王姜宇）

# 拒绝"精神内耗",争做行动派!

有一部意大利电影短片,名叫《星期六》,讲了这样一个故事:周六的早晨,独居男子一边啃着香蕉,一边思考着今日打卡清单。他盘算着,等会儿要洗碗,洗衣服,支付账单,清洁浴室,丢垃圾,打电话给老妈,然后晚上再找点有意思的事情做。在真正开始做这些事情之前,他在脑海中反复盘算,把所有可能会遇到的事情和不好的结果都预想了一遍,试图找出最佳方式。就这样,一天很快就过去了,他却什么事情没干,大量情绪被消耗,琐事却越积越多,感觉身心俱疲。

我们生活中是不是也有类似影片中的经历,比如一件事还没开始干,就感到很累、压力很大;很多工作明明几个小时就能搞定,却总要磨蹭拖延好几天;总担心别人对自己的看法,担心别人会误解;明明已经做得很好,但仍然在不断地反思和责备自己……那就表明,你已经陷入"精神内耗"状态了。今天,我们聊一聊"精神内耗"这个话题。

## 一 开云见日,正确认识精神内耗

什么是精神内耗?《反内耗》一书的作者是这样定义的:"内耗"是个人因注意偏差、思维困扰、感受与理智冲突,体验到身心内部持续的自我战斗现象。可以把精神内耗比喻成我们内心两个小人在吵架,其中一个是恶魔,另一个是天使。天使告诉你要积极上进、负重前行，恶魔却说算了吧，生活不易、享受现在，两者总是不停争吵打架。

然而，作家余华老师却认为，精神内耗"其实也是一种积极情绪……它在某种程度，是（人们）在寻找一种人生出口。"在40年的写作过程中，他也是在一次次与自己较劲，最终才写出了《活着》《兄弟》等一系列优秀作品。

由此可见，精神内耗并非我们心理问题的症结所在，而是一个很正常的，存在于每个人身上的心理现象。有的人被内耗消磨殆尽、溃不成军；而有的人却把它一一拾起，不断拼凑，踩在脚下。相同的内耗，不同的人却有不同的结果。因此，我们不应该害怕精神内耗本身，而是应该思考如何避免过度的精神内耗。

## 二　追本溯源，探究内耗产生机制

科学家们通过研究发现，人类大脑的不同区域与不同的生理活动相关，例如，枕叶负责视觉，颞叶负责听觉，额叶负责运动等。但是当我们处于静息状态，什么事都不用做的时候，有一个特定的大脑区域开始变得活跃——大脑默认网络。它负责我们的自省、想象与白日梦。它可以帮助我们复盘已经完成的工作，总结、反思其中存在的不足，以便以后能更好地完成类似的工作；它可以帮我们记忆学习过的知识，记住美好的过往；它可以设想可能发生的事情，给我们带来希望，点燃斗志。但是，当我们在脑海里反复回忆过去的负面经历和感受，一遍遍地自责"如果当初……结局会不会不同？"陷入胡思乱想，迷失在思维反刍之中时，大脑默认网络就变得过分活跃，出现异常活动，就可能会引发精神内耗。

此外，心理学研究还发现，并不是所有人都容易出现精神内耗现象。然而，相对而言，属于以下几种个性或气质类型的人往往更有可能陷入"精神内耗"的漩涡。

### 内向、高敏感人群

网上有个热门话题："为什么说内向的人精神内耗很严重呢？"一个网友的回答引起了很多人的共鸣：想穿好看的衣服出门，要挣扎许久；想在课堂上发言，要在心里挣扎无数回；聚会时企图加入群聊，却一句话也插不上；发个朋友圈、公众号要焦虑失眠一晚上。内向性格的人一般高度敏感，很在乎别人对自己的态度和看法，在人际交往过程中总是反思自己有什么地方做得不对、有哪句话说得有问题、别人会如何评价自己，甚至会因为这些想法感到焦虑，别人随口一句话都能暗自揣测很久，越想越多，整个人陷入毫无意义的思考之中，拼命跟自己过不去。

### 完美主义者

在我们的身边，完美主义者往往有两类人：一种是对自己高标准、严要求，什么事情都要做到极致；另一种是对别人要求很多，严于律人，不允许周围人犯一点错。不管是哪一种，都注定会深陷精神内耗的漩涡，活得很累。因为在这个世界上，不可能什么事情都如你所愿。

### 有自卑情结的人

他们总是抬高他人，贬低自己。有时候人可能会因为过去生活中的糟糕经历，而在心理上默认了一个"不可跨越"的高度限制，因自我设阻而给自己增加了额外的精神压力，最后形成了自我挫败个性。认为自己不是专业出身，就放弃了原来的梦想；觉得自己还是个新人，所以就不敢争取想要的机会。久而久之，但凡遇到点困难，就会选择退缩，陷入精神内耗的黑洞无法逃脱。

### 三　刮骨疗毒，摆脱自我内耗漩涡

在了解了精神内耗是什么、它是如何产生的以后，让我们从三个方面，探讨日常生活中避免陷入精神内耗的实用策略。

#### 不过度思考，动起来，做力所能及的事

精神内耗的关键矛盾点在于"想"与"做"之间的冲突。拒绝精神内耗，从及时行动开始。心理学家塔莎·欧里希提出这样一种办法：当你遇到情绪波动时，不要问"为什么"，而是多问"是什么"。因为，当你情绪低落时，如果问自己"为什么难过"，等待你的必然是回忆过去、找寻原因，接着自责后悔，陷入痛苦。但如果此时问自己"我现在需要的是什么""什么是我能做还没做的"，那么接下来你可能会得出"没吃晚饭""想打游戏""想找人聊天"等一系列能立刻付诸行动的答案。用行动取代思考，这就是脱离精神内耗的有效办法。

#### 不消极思考，勇敢点，尝试与自己和解

你是否听说过这样一句话："事情压不垮人，但面对事情的态度可以。"乐观的人，总能以从容和满怀希望的步履轻松走过岁月；而消极的人，却总是陷入失败和困惑的阴影里。比如，表白被拒绝了，就觉得此生注定孤独；一次没考好，就觉得前途一片灰暗。小问题造成了负面的情绪，负面的情绪又进一步放大了问题，最终一点小事就演变成了一场灾难。

一味沉溺于负面的情绪也改变不了现状，与其在闷闷不乐中裹足不前，不如用更积极的心态去面对风风雨雨。保持微笑，凡事看淡，好运才会与你不期而遇。或许你不善言辞，但你有出色的行动力；或许你能力一般，但你一直勤勤恳恳；或许你生而平凡，但你有着受人尊重的品行。学会相信自己，欣赏自己，看到自己身上的

闪光点。拥抱自己，世界才会敞开怀抱接纳你。

### 不被动思考，自信点，潜心修炼长本领

叔本华说："人性有一个最特别的弱点，就是在意别人如何看待自己。"生活中，很多人之所以不快乐，就是因为太在乎周围人的眼光。同事无意间的一个眼神，会让你心情失落许久；朋友不经意的一句话，会令你默默纠结半天。太过在意别人的看法和评价，后果往往是在敏感和讨好中委屈了自己。然而，事实却是，那些发生在自己身上99%的事情，都与别人无关。在日常工作与生活中，我们不妨多一些这样的思考与反省：遇到棘手工作时，想想是不是领导给机会、压担子，督促自己成长进步；遇到质疑反对时，想想是不是朋友想帮助自己改正错误；遇到冷漠忽视时，想想是不是同事工作忙、没顾上，只是自己过分敏感？

此外，精神内耗本质上还来源于能力不足的本领恐慌，是自身胆怯心理的现实反映。"草之精秀者为英，兽之特群者为雄"，练就一身本领是我们"任凭风吹雨打，我自岿然不动"的底气和依靠。我们要把能力不足的恐慌化作提升本领的急迫感，将焦虑胆怯的压力当作自我提升的动力，不断端正"以患为利"的认识，培养"闻过则喜"的胸襟，在压力与考验中，添羽图强、再踏新程，练就"挽住云河洗天青"的过硬本领。

作家、翻译家杨绛说："人虽然渺小，人生虽然短，但是人能学，人能修身，人能自我完善，人的可贵在于人的本身。"告别内耗，是一场自己和自己的战斗。我们是自己精神内耗的制造者，也是唯一的终结者。祝愿每一位朋友都能够摆脱过度精神内耗，见到别样风景，领略精彩人生！

（魏嘉一）

# 跟我学"三步走",接纳真实的自我

你是否觉得自己不够优秀、不够完美,是否有过自卑的感觉?在人群之中,有的人闪闪发光,而自己却是如此的平凡。自卑感人人都可能有,当我们无法达成理想时,就会产生自卑感。这时最重要的便是学会克服自卑,接纳真实的自我。

### 第一步:保持你的自信心

自信心是一种反映个体对自己能否成功地完成某项活动的信任程度的心理特性,是一种积极、有效地表达自我价值、自我尊重、自我理解的意识特征和心理状态,也称为自信。拥有自信能让你更好地审视自己,接纳自己。看到自己的长处,发现自己的不足。没有人是绝对完美的,万物都有裂痕,但那是光照进来的地方。我们无法决定自己的出身、家世,但我们能选择自己的看法、态度。不必总是仰望他人,你自己便是风景。

《感谢自己的不完美》里有这样一句话:"阴影是我们自己的一部分。我们的天赋就沉睡在阴影里,当我们发现它、接受它之后,我们的生命就会苏醒,我们就会从阴影走向光明。"所谓优秀,不是指你超越了多少人,而是你超越了曾经的自己。

### 第二步:对焦虑说"不"

现下各种焦虑如潮水一般席卷了人们:容貌焦虑,身材焦虑……这些让我们对自己的外貌异常苛刻，从而变得自卑敏感。整容医美、减肥药物、疯狂健身，我们迫切寻找方法来做出改变，让自己符合现下大众的审美，得到别人的认可。但谁又能定义"美丽"呢？美丽从来没有统一标准，为什么要把自己套进所谓"主流"的枷锁里？"一万个人眼中有一万个哈姆雷特"，我们是独立不同的个体，我们有自己的看法与评价，不必随波逐流、人云亦云。欣赏你本来的样子，不必焦虑彷徨，活在自己的思想中。

你的职责是平整土地，而非焦虑时光。你做三四月的事，八九月自有答案。

### 第三步：放大自身的力量

接纳不完美的自己不意味着安于现状，躺平摆烂。相反，它激励着我们要以更积极的心态去克服面对的困难。在《你当像鸟飞往你的山》中，一个出生在美国山区的姑娘塔拉，通过自己不断的学习，挣脱了原生家庭的伤痕与束缚，走出了大山，活成了自己梦想的样子。她靠着自己坚韧顽强的精神在最低的起点完成了一次"绝地反击"。我们每个人身上都潜藏着潜力与希望，我们需要做的是找到并放大它们，然后直击困难，反转逆境。

正如冯骥才所说："人的力量主要还是要在自己的身上寻找，别人给你的力量不能持久，从自己身上找到的力量，再灌注到自己身上，才会受用终身。"

每个人都不完美，但那才是真正的我们，所以无论何时，要记住喜欢不完美的自己，接纳真实的自我。

（刁卓）

## 关爱女性心理健康，遇见更好的自己

如今我国妇女经济、政治、社会地位显著提高，各行各业中女性就业人数明显增加，不少杰出的女性已成为行业中的带头人。女性已成为我国现代化建设中的一支生力军。

然而，她们的心理健康问题却未得到足够的重视，国际流行病学调查研究显示，抑郁症在大多数的国家终生患病率为8%—12%，全球约有3.5亿抑郁症患者，而在抑郁患者群体中，女性明显多于男性，大约是男性的2倍。那么，为什么女性更容易受到抑郁症的侵害？

美国著名心理学家詹姆士·杜布森详解了造成女性抑郁情绪的10种情况，分别是缺少自尊、疲劳和时间压力、婚姻生活中的寂寞和孤独、浪漫爱情的消逝、财务困难、婚姻中的性问题、月经与生理问题、孩子问题、姻亲问题和年龄问题。

由于生产力发展水平和文明程度不均，一些地方、一些领域妇女的合法权益时有受到侵害，如家庭暴力、就业性别歧视等，都是诱发女性心理健康问题的重要原因。女性不仅在职场上被要求独当一面，在家务、子女教育等方面也被要求承担着更多的责任和压力。

生理、心理、社会因素交互造成了部分女性的心理健康问题，但是我们不能被问题打败，而要积极学习一些心理保健知识，巧妙化解生活和工作中的情绪与压力。在情绪易波动的特殊生理时期学会调整自己的情绪，减少人际关系紧张和家庭冲突，以顺利渡过难关。

在挫折面前学会创造情景、精神释放和合理宣泄。遇到不愉快的事情，要学会情志转移，有条件的则可求助于心理医生。

最重要的是，我们要树立自信心，学会悦纳自己、肯定自己，自信心是人生的重要精神支柱，只有自信，才能使女性自强不息，克服心理障碍。最后，我们要选择适合自己的方式解压，通过书籍、瑜伽等健康的方式放松，不开心的时候可以选择和朋友家人倾诉或者做自己的喜欢的事，学会转移注意力，不要带着负能量和坏心情独处。

在此，向大家分享一些心理减压的小技巧。

### 一　运用言语和想象放松

通过想象，训练思维"游逛"，比如，"蓝天白云下，我坐在平坦如茵的草地上""我舒适地泡在浴缸里，听着优美的轻音乐"。在短时间内得到放松、休息，让自己的精神小憩片刻，你会觉得安详、宁静与平和。

### 二　罗列肢解法

请把生活中的压力罗列出来，一、二、三、四……一旦写下来，你就会惊人地发现，只要"各个击破"，这些所谓的压力，便可以逐一化解。

### 三　敢于放肆的哭泣

医学心理学家认为，哭能缓解压力。心理学家曾给一些成年人测量血压，结果87%的血压正常的人都说他们偶尔有过哭泣，而那些高血压患者却大多数说从不流泪。看来，让情感抒发出来要比深深埋在心里有益得多。

## 四　看电影

人们感到工作有压力，是源于他们的责任感，此时需要的是鼓励、是打起精神。所以，除了通过放松技巧来克服压力，也可激励自己去面对充满压力的情况，例如看一场紧张刺激的恐怖电影。

## 五　穿上称心的旧衣服

穿上一条平时心爱的旧裤子，再套一件宽松上衣，你的心理压力不知不觉就会减轻。因为穿了很久的衣服会使人们回忆起某一特定时空的感受，人的情绪也会相应发生转变。

（刘小琪）

# 打破定义，让女性力量绽放

你是否听到过这样的声音——在停车场，碰到有人倒车好几次都倒不进，路人忍不住挖苦："肯定是女司机"；当电视中女足、女排斩获荣誉，媒体这样夸赞："谁说女子不如男？"……

仔细感受以上种种，女性似乎受到了更多的敌意和限制？社会学家给这类现象一个形象的定义——"厌女"，指"男性对女性蔑视，女性对自我嫌恶"。而心理学中，美国心理学家埃托奥在《女性心理学》中将其称之为"性别刻板印象"，即普遍认为女性具有"弱小、依附、温柔、保守、亲和性"的气质；男性则被赋予"强大、担当、勇敢、野心、行动力"的气质。一旦人们的行为表现超出其性别所设想的范围，便会受到他人的恶意揣测和不当评价。

那么，性别刻板印象从何而来呢？

人的性别认同是自我概念中的重要部分。儿童时期，父母的性别模范作用和学校的教育影响着儿童对自己性格的认知，也塑造了与性别有关的个性气质和行为模式。青春期是性别自我概念成熟的关键期，如果学校缺乏性别教育，就会导致女性对自己产生一些错误认知，甚至厌恶、逃避自己的性别身份，这也是厌女产生的原因之一。另一些女性则被传统的"女主内"思想所束缚，限制了自身发展，也会对心理健康产生负面影响。

如何打破社会和自我认知对女性的双重束缚，摆脱被定义的"自己"，绽放女性力量？我们想给亲爱的女同胞们以下几点温馨提示。

### 让质疑萌芽，让女性自我觉醒

随着新时代女性意识的觉醒，女性开始追求多元化的自己。传统认知中对女性"温柔""依赖"形象的刻画使她们感到拘束。实际上，这正是新女性对女性固有形象的质疑。质疑是打破的起点，是新生的前提。当女性开始质疑性别刻板印象，也正是女性意识在觉醒。请相信自己的判断，努力突破世俗的眼光，勇敢对性别主义说不！

### 勇敢认同，打破自我束缚

性别的约束不一定来自外界，也有自己"画地为牢"的结果。很多女性有"外貌焦虑"，不胖还要减肥。除了社会强加给女性的审美要求外，一些女性更是主动"苛求"自己，以自我弱化来迎合社会期望。另外，一些女性将自己置于男性群体视角，试图摘除女性标签，殊不知这对女性是另一种伤害。所以，勇敢认同自己的女性身份，为自己而骄傲，是打破束缚的重要一步。

### 冲破世俗，实现自我价值

无论你是男性还是女性，首先我们都应该让自己成为一个健康的"人"。两性在生理上存在明显差别，然而心理学研究发现，在认知和能力方面，两性的差异远没有那么显著。在当下，很多对于性别的刻板印象正被一个个事实和数据所打破。新时代越来越多的女性走上非传统岗位，去当外卖员、维修工……跳出性别范式局限，你也可以绽放风采，实现自我价值！

人潮熙攘，我们不必随波逐流。相信自己才是那一道最美的风景。女性不必禁锢于传统认知塑造出的刻板形象，更无需嫌恶女性特征，且视他人之疑目如盏盏鬼火，大胆地去走你的夜路。在这个专属于女性的节日里，接受自己，打破定性，成为闪闪发光的自己吧！

（滕咏琪、孙乙嘉）

# 于明窗之内,窥世界之美
## ——寻找自我认知的平衡之道

2008年,有国外心理学家做了一项关于婚姻家庭的调查研究,发现在被调研的夫妻中,49%的丈夫声称,自己承担了家庭中一半或大部分的子女教养责任,而只有31%的妻子认为丈夫做了这么多;有70%的妻子表示,家里的饭菜大部分都是她做的,但56%的丈夫说自己做饭更多。

这个婚姻家庭研究表明,人们总是将好的行为归因于自己,而不好的行为归因于他人。心理学家将这个有趣的心理现象称为"自我服务偏差"。在社会心理学中,自我服务偏差被描述为一种倾向,即将肯定的结果归因于内部,而将否定的结果归因于外部的倾向。这种偏差让我们在面对成功时,倾向于认为自己有能力,而在面对失败时,则归咎于外部因素,如他人或运气。

为什么人们会产生自我服务偏差?心理学家认为,主要原因是一方面人们需要维护和提升自己的自尊,从而以一种自我提升的方式来看待自己。另一方面人们渴求成功,需要将好的结果归因于自己,以此来不断增强自信心。

当然,这种自我服务偏差也存在明显的负面作用,可能导致人们对自己无法进行正确的评估,盲目乐观,不利于个人成长与发展。比如,一位职场新人刚取得了一点小成就,就将成功全都归功于自己能力强,在接下来的工作中盲目自信,不听从他人建议,最终职业发展受挫。

然而，还应警惕另一种与自我服务偏差相反的心理现象，即自我否定。有的人对自己缺乏自信，将成就归因于运气或其他外部因素，而不是个人的能力和努力。比如，一个考试成绩优异的学生可能会认为："我考得好，只是运气不错，题目正好是我复习过的。"同样，在失败时，他可能会过分自责，将失败归因于个人能力不足，导致在面对挑战时缺乏自信，害怕失败，从而限制了潜力的发挥。

其实，不论是自我服务偏差，还是过于自我否定，都是由我们对自我的认知不足、难以达到认知平衡所引发的。充分认识自己，既不过分夸大自己的成就，也不忽视自己的贡献，才能达到这个平衡点。这里有一些小建议，供大家参考。

### 一　寻求反馈

通过定期向信任的人寻求反馈，我们可以获得宝贵的外部视角，以更全面地评估自己的行为和成就。这种反馈有助于我们识别并调整可能存在的认知偏差，不仅有助于个人成长，还能促进更健康的人际关系和更积极的自我认知。

### 二　正念冥想

练习正念冥想可以帮助我们专注于当下，意识到自己的感受、思绪和行为。通过正念冥想，我们可以培养对自己内心世界的深入了解，学会观察自己的思维和情感，而不被它们所控制，知道何时应该关注自己，何时应该向外求助。此外，正念冥想还有助于缓解精神压力、提高情绪调节能力，有利于心理健康发展。

### 三　培养成长型思维

这种思维模式使我们相信，通过不断努力和学习，我们的能力可以得到提升。因此，我们不会因阶段性的失败而气馁，而是将其视为成长和学习的机会。成长型思维让我们更有勇气承认自己的不足，积极寻求改进；更有动力面对挑战，勇于尝试新事物；不断发展自己的能力，培养更健康积极的心态。

在电影《美丽心灵》中有这样一句台词："我们的认知偏差往往让我们看不清真相。只有放下成见，才能真正看到世界的美好。"亲爱的朋友，让我们一起寻找和实践自我认知的平衡之道，愿你找到内心的平衡，看见世界的美好！

（张官华）

# 勇毅前行，做自己的英雄

罗曼·罗兰曾说："世界上只有一种真正的英雄主义，就是认清了生活的真相后还依然热爱它！"生活里，多的是无可言说的苦楚，或是成长带来的苦涩和迷惘，或是感情上的孤独和忧愁，或是工作上的焦头烂额，你会因此对生活不再期待吗？不会，因为对生活的热爱！就像海燕爱狂风暴雨和波涛汹涌的大海，就像松柏热爱冰天雪地和巍峨雄壮的山峰，我们都应该做自己的英雄！那么在生活中，具体应该怎么做呢？我总结了以下几点。

## 一　悦纳自己

音乐家、诗人莱昂纳德·科恩说："万物皆有裂痕，那是光照进来的地方！"我们都愿意做"人无完人"的"完人"。然而，我要说，人生来破碎，没有人是天生的完美无瑕。我们的"缺陷"正是使我们独一无二、举世无双的特点所在，正如一块玻璃被彻底打碎，不会产生完全一样的碎片，我们都是其中熠熠生辉、光彩夺目的无数分之一。每个人既有自己的闪光点，也有相较的不足，对于那些无可改变的"缺陷"，我要说，既热爱自己的完整，也热爱属于自己的独一无二的破碎。

## 二　勇敢地面对生活

我想，只要我们对生活充满爱意，悦纳自己，那么，即使生活揉捏我们，也能让我们变成任何我们喜欢的形状。勇敢地面对生活，并不是莽撞，而是敢作敢为、敢作敢当。孔子云："仁者必有勇，勇者不必有仁。"我们要听从内心的声音，即使知其不可为，也要一往无前，拼尽全力，"挽狂澜于既倒，扶大厦之将倾"，做生活的勇士，做自己的英雄。

### 三　找寻自我价值

每个人都不是一座孤岛，鲁迅曾说："无穷的远方，无数的人们，都和我有关。"我们都是由无数与他人的联系而构成的复杂存在，我们爱的人和爱我们的人都是我们生活的重要部分，我们彼此需要，我们珍爱彼此，无论生活充斥着多少阴霾，我们都可以自信地说："我是无价的，是不可替代的存在！"同样，如果我们能给自己的集体增添点点微光，为自己的祖国奉献涓涓细流，我相信，自我价值的提升将会带来无与伦比的快乐和荣光！

最后，我想用普希金的话与大家共勉，"假如生活欺骗了你，不要悲伤，不要心急！忧郁的日子里需要镇静：相信吧，快乐的日子将会来临！"

（徐春）

## 不够完美的人，才能不断成长

在成长的过程中，你有没有不被人认可的时候？有没有被迫向现实低头的时候？

恐怕不但有，而且有很多。

长大后发现，心想事成实属幸运，事与愿违已成常态。人人都在追求完美，但世上并没有完美。再可口的饭菜，也会有人挑剔；再美好的风景，也会有人无法欣赏；再恩爱的夫妻，一生中亦会经历许多争执。所以，我们应当收拾好情绪，不在焦虑中惶惶不可终日，而是但行好事，莫问前程。

很喜欢董宇辉老师的三句话，真的能帮助并不完美的我们收拾好心情，再次出发。

**你要做好一次次失望，失败，失去的痛苦，这是成长的必经之路。**

追求完美是积极上进的表现，但是如果一味苛求自己，苛求别人，会让你的生活变得很紧张，身边的人也会倍感压力，接踵而来的后果是焦虑不安，不知所措，甚至会造成一些不必要的麻烦。我们渴望得到别人的认可，但是可能结果往往不尽如人意，随之而来的便是失落、失望、悲伤等一系列负面情绪。

遗憾是常有的，我们不能阻止失败的到来，我们能做的就是在失败面前绝不妥协，以坦然的心态面对一次次的失败。时刻谨记，遗憾是人生常态，学会带着遗憾继续做好自己，乐观生活，努力朝着未来前进，这样我们才能迎来日后的成功。

**不必寻求答案，因为答案就在你心里。一定有出路，你得耐心寻找。**

当你对某件事举棋不定的时候，或许会去向比自己资深的人请教，但是他们只能提供决策和经验，却不能代替你去思考和决策。多听听自己内心的声音，决策除了要用脑，还要用心。有时候脑的决策可能是错的，心里的答案我们没有听见，或者拒绝去听。我们每个人都有接受内心信号的雷达，多练习这个雷达就会越来越灵敏。

我们在成长过程中，原生家庭或是社会化都可能让我们把雷达关掉。婴儿的雷达是最灵敏的，他们知道自己想要什么，婴儿也是最容易开心的，满足自己的内心，不在乎外界的看法。这对成年人很难，因为成年人有太多要承担和背负，所以当我们做决策的时候，去听听自己内心，满足自己内心的需求，使内心越来越富足，也就会过出富足的人生。

**无忧无虑的生活和一帆风顺的人生，不会培养出真正的乐观主义者。**

真正的乐观是清醒地看到现实的残酷，也能够看到未来不会一帆风顺，但是仍然愿意用积极的心态去看待未来，相信未来。这种经历风浪和挫折之后，还能保持的状态，是一种强大的毅力和高级的智慧。

就像三次站上巅峰、三次跌落谷底的陀思妥耶夫斯基一样，家人离世，生活窘迫，一生承受岁月沉重，但他的作品点燃了整个世界，灼烧了整个时代。罗曼·罗兰也说过，这世界上只有一种真正的英雄主义，那就是看清生活的真相后，仍然热爱生活。

当你感到焦虑、担忧、迷茫，这是正常的，我们皆如此。感性就是人性，正因为有了感性，才有了喜怒哀乐，才有了丰富多彩的记忆。笑者常幸，哭者难行。生活如今加诸你的苦楚，定会成为你披荆斩棘的利剑。

人生的道路漫长且坎坷，成长的过程就是不断跨过一个又一个难关。不必过分追求完美，把目光放长远，不纠结眼前的事情，只要自己不放弃，想实现的终会实现。

（李国栋）

# 没有过不去的坎，只有越不过的心

詹青云在《奇葩说》中曾说："放下从来不是成长的代价，放下就是成长本身。"学会跨越自己内心，让无能为力的事顺其自然，大道至简，方得始终。

## 一　断绝繁杂

中国自古有言：月满则亏，水满则溢。凡事不能过度完满，正所谓花未全开月未圆，正是意境最佳时。生命的意义在于内心的丰盈，而绝非外在的拥有，如果一味地追求与索取，只会被表面的浮华与不实所拖累。

范蠡当年在越国功成身退后，带着家人离开了越国来到了齐国，改名换姓，在海边安顿了下来，以耕田为生，再立家业。享受着淡泊的人生乐趣，得以安度晚年。在他离开越国之前，曾写了一封信给越国大夫文种，信中写道："飞鸟尽，良弓藏；狡兔死，走狗烹。越王为人长颈鸟喙，可以共患难，不可与共乐。子何不去？"但文种没有听范蠡的忠告，后遭越王勾践的猜忌，伏剑自尽。同为越国重臣，一个功成身退而生，一个身在高位而死。这既让我们看出了范蠡的大智慧，又使我们懂得适时做减法可以使人消灾。

当所拥有的超过了所能承受的极限时，就如同鸟的双翼系上了黄金，虽然一时看起来金光闪闪、华丽无比，但注定会使它举步维艰，慢慢失去飞翔的能力，最终落得从高空处跌落的悲惨结局。

## 二　舍弃负重

生活中的我们总在苦苦追寻着各种身外之物，如果没有达到预期的效果，便会心生不满，势必还要采取其他手段达到目的；就算得偿所愿，也不会甘心就此停下脚步，还会希望得到多一些、再多一些。人们总是垂涎自己未尝拥有的，便会不加选择地疯狂敛取。但是，当我们拥有越来越多的物质后，烦恼也会成比例地不断增加。因为一旦拥有过，便不会轻易选择放弃。

年轻的艾莎经营着一家主做电台的传播公司，她凡事追求完美，无论做什么都要尽己所能做到最好。在巅峰时期，她同时负责好几个广播节目，每天都忙得昏天黑地，根本无暇顾及家人和朋友，她把全部精力都放在了工作上。在她的努力下，几个节目办得有声有色，深受业界好评。但凡事都具有双面性，有一利必然会有一弊，事业愈做愈大，压力也随之增大。果不其然，不幸的事终于发生了，她独资经营的传播公司资金出现了问题，这让她焦头烂额，雪上加霜的是，与她交往了七年的男友因为聚少离多而提出了分手……面对这一连串突如其来的打击，艾莎一时间难以承受，迅速地沉沦下去，终日把自己关在房间内，以泪洗面，甚至想到用死来结束这悲惨的遭遇。经过朋友的开导，她恍然大悟，心头重新燃起了久违的勇气和斗志，"是啊，曾经我就是一无所有，现在无非是一个轮回而已，又有什么好怕的呢？"艾莎重新振作起来，舍弃了那些毫无意义的东西和事情，开始了新的奋斗。功夫不负有心人，在短短的一个月之内，她连续接到两笔大的业务，濒临倒闭的公司起死回生，逐渐地步入了正轨。在历经这些挫折与磨难之后，艾莎深刻地体悟到人生变化无常的一面，不如意的境遇会在不经意间不期而至，令人猝不及防，甚至乱了方寸。她发现，原来一个人真正需要的其实非常有限，许多附加的外在的东西只会增加无谓的负担。她慢慢懂得：

简单一点儿，生活反而会更加快乐。

生活中有太多的选择，有选择就会有舍弃，有舍弃就会有不安和心痛。其实，我们很少想过自己真正需要的是什么，需要多少。也许忽然有一天，当我们蓦然回首的那一刻才会明白，自己曾经竭尽全力挣下的家业中，有很多都不是自己真正所需的。

### 三　脱离执念

那些在外人眼中荣华富贵、纸醉金迷的生活，未尝不是人生的一种负累。无论这些负累有着多么华丽迷人的外表，我们都要学会适时、适度地脱离执念，用减法经营自己的人生。

有一位踌躇满志的老板从事铝合金材料经营，几年内赚得盆满钵满，不仅买了豪车，还住进了大别墅。他的铝合金厂每年纯利润几百万元，可他对员工却非常小气，对自己更是节俭。为了省钱，他去南方购买原料来回都坐火车，吃的是方便面，住的是小旅馆。有一次在押货回途中翻了车，他身负重伤住进了医院，险些失去双腿。经历了这场劫难后，他与之前判若两人。无论是在家，还是出差，他都尽可能地照顾好自己和家人，然后才是他曾经视为生命一般的公司。对待员工的态度也一改往日的凶横和吝啬，开始以温和谦恭、大度宽容的面孔视人。有些人颇为费解地问他，他直言不讳道："以前是用加法来衡量人生，人活着就要日积月累地发展，要如滚雪球一般地赚钱。自出事后，我发觉人生应该适度地做减法，假如上次我被压死，一切都不复存在，人生也会失去意义。所以，不要把人生的目标定得过高，比起健康地活着，其他都显得微不足道"。在短暂的生命旅途中，对于我们真正有益的事情并不是获取无休无止的物质，而是有选择、有目的地清除一些多余与烦冗的事情。如此，才能在喧嚣与躁动的环境中找到一片属于自己内心的宁静之所。

人生最难做到的便是放下。人之所以会懊恼，无非就是不舍得、放不下与不愿离开。其实，放下并不等于放弃，而是一种变相的拥有，只有放下心中的欲望、贪念与执念，看淡世间沉浮，方能享受到幸福的滋味。

（魏家兴）

chapter 4
第四篇

# 人际关系

人际关系，广义上是指每个人都是人类社会中的一分子，无法脱离群体而独立存在；狭义上是指个人与其他人之间相互联系，包括沟通、情感、互动。

我们在生活中需要跟各式各样的人建立联系，无论是家庭、朋友还是工作，每时每刻都处在不同的关系之中。良好的人际关系可以带给我们快乐和满足感，支持我们更好地应对生活中的挑战。遵循一些人际交往的法则与技巧可以帮助我们建立更健康、更积极的关系，好的人际关系甚至可以教人受益终身。

本篇收录了十六篇文章，以友谊（朋友关系）和恋爱（亲密关系）为探讨主题，解析了良好人际关系的建立与维系要点，分享了人际交往的基础理论与实用技巧，助力读者在人际交往中更得心应手。

CHAPTER 4

# "三步走"走出内耗，活出自我

网上曾有一个热门话题："一个人活得很累的根源是什么？"

高赞回答说：不是能力问题，不是外貌问题，而是没能处理好自己和自己的关系。

考试还没有开始，就担心自己考不过；朋友没及时回复消息，就开始胡思乱想……百分之一百的精力，百分之八十都提供给心中的两个小人打架，这种精神消耗不来自外界，来自"两个自己"带来的矛盾，让自己挣扎其中，自我消耗。

心理学对内耗的解释是：人在管理自我的时候需要消耗心理资源，当资源不足时，人就会处于一个内耗的状态，长期如此会让人觉得疲惫不堪。

两个小人在心中打得天昏地暗，焦虑、疲倦、自我怀疑便会拖累甚至拖垮你。

如果你正在经历内耗，跟着我"三步走"，走出内耗，活出自我。

### 第一步：分离自我感受与他人事

心理学家阿德勒提出了"课题分离"的概念，他认为：一切人际关系的矛盾，都起因于对别人的课题妄加干涉，或者自己的课题被别人妄加干涉。

**课题分离**

> 简单来说，就是把自己的内心感受与他人事务分开——别人的内心活动我无法参与，同样我的内心活动别人也无法参与。课题分离可以简单理解为：你应该专注于你自己的事，从而达成你自己的目标；类似的，他人的目标就该让他人自己去努力达成。你不应干涉或试图掌控他人该做的事，不论这个他人是陌生人或是你的亲人。阿德勒坚信，如果人们能够为自己负责并且追求自己的幸福，由亿万个体组成的这个世界就会变得更美好。

比如，在接受朋友的请求后明明倾尽自己所能却仍换不回来朋友百分之百的满意，这种情况下该如何区分每个人的课题？这时候就要用上阿德勒课题分离理论："看具体执行的主体是谁？"谁真正去执行这个课题，谁就是课题的主体。

你怎么尽自己所能完成朋友请求，让你的朋友感到满意是你的课题；在得到不满意结果后怎么对待你是你朋友的课题。因此，我们所能做的就是认真做好自己的事情来达到别人要求，而不是因为他人的不满而郁郁寡欢，因为别人怎么对待你是他的课题，你无法介入。

用一句话来提炼出课题分离的精髓，就是："岂能尽如人意，但求无愧我心。"

做好自己的课题，剩下的事，交给别人。

**第二步：活在当下**

保罗·科埃略在《牧羊少年奇幻之旅》里说：我现在还活着。当我吃东西的时候，我就一心一意地吃；走路的时候，我就只管走路；如果我必须打仗，那么这一天和任何一天一样，都是我死去的好日子。因为我既不生活在过去里，也不生活在将来中，我所有的仅仅是现在，我只对现在感兴趣。

很多时候，我们的精神消耗在对过往的追究和对未来的担忧中。计划止于计划本，目标永远埋藏于心。

每当下定决心去做一件事，决心总是被过往不堪的回忆和对未来不好的构想消耗殆尽，然后慢慢让自己退回充满焦虑的角落，无所事事的现在也就成为在未来的某个时刻脑内所浮现的不堪过往和对未来不好幻想的新素材。

在一次次的自我怀疑中退却，越来越讨厌不争气的自己。对自己无法掌控过去和将来的担忧，也造成了无意义的内耗。

积极心理学指出：幸福感是一种心流，你全心全意投入自己当下的生活的时候就是幸福。不为过去忧，不为未来扰。

每个时刻的将来和过去都有某个时刻对应的现在，与其为无法掌控的过去和将来担忧，不如过好当下，无愧过往，不畏将来。生活永远是，也仅仅是我们所在经历的这一刻。

### 第三步：正视自我，接纳自我，让完美主义成为动力

完美主义在很多人眼中是成功人士的特质，而在生活中，过度追求完美的结果往往是做事犹豫不决，总怀疑自己没有做好充足的准备，每迈出一步都心惊胆战，犯一点小错误都是大灾难。这样的心态往往得不到事情的完美解决，得到的反而是反复自我怀疑带来的煎熬。

追求完美是一把双刃剑，一方面它让你追求卓越，达到别人得不到的成绩，另一方面它让你在达不到内心的完美时产生内耗。

但是我们又如何去评价"完美"呢？不同人对完美有不同的定义，你在一个人眼中的"完美"无法迎合所有人眼中的"完美"。

海蓝博士在《不完美，才美》中说：

有很多人、很多事，不管你怎样希望都无法改变，不管你做什么也无法改变。因此，我们能做的只有做好自己和接纳自己。当自己有完美倾向时询问自己：

我为什么要变得完美？

完美的定义到底是什么？

迎合所有人的"完美"能给我带来什么正面影响？

又或者，迎合所有人的"完美"，可能吗……

著名游吟诗人莱昂纳德·科恩曾经说过："不够完美又何妨，万物皆有裂痕，那是光进来的地方。"

正视自我，接纳自我，让完美主义成为前进动力，而不是舞动时脚上的枷锁。

摆脱内耗，是一场自己和自己的较量，若你正处于内耗中，愿你终将战胜心中那个多余的"我"，早日迈入生活的热忱中。

（林骏茹）

## 友谊之树长青

又是一个蝉鸣的盛夏,可能你临近毕业或已经毕业,放下笔的那个瞬间,你的一个人生阶段已经结束。看看你身旁的伙伴吧,阳光洒在他的脸庞,那是独属于你们的友谊。

在人生的路途上,友谊是我们永不凋零的一束光,是我们心灵的寄托和支撑。好友就像我们成长道路上的同路人,陪伴我们走过悲欢离合的岁月,见证我们梦想的实现和人生的成功。

每个人都有属于自己的朋友圈,他们是那些一同度过童年的小伙伴,或是那些一同经历青春岁月的知己,又或是我们在生活中结识的志同道合的伙伴。不论他们来自何方,他们的存在都是我们生命中无价的财富。

友谊的意义在于它能够让我们在困难时获得支持和帮助,在快乐时分享我们的喜悦和快乐,而且友谊具有可持续性,只要我们继续经营和维护,它就能够一直持续下去。友谊之所以长青,不仅仅是因为我们自身的忠诚和坚守,更是因为真正的朋友在我们需要的时候总是以同样的方式回报我们。

当我们陷入低谷时,友谊就像一个庇护所,给我们提供安全和保护。当我们走向成功和光荣时,友谊就是我们的见证人和支持者。友谊像一根钢索,将我们和朋友联系在一起,让我们互相扶持和支持,共同经历人生的风风雨雨。

然而,好的友谊并不是一蹴而就的,它需要我们在日常生活中付出时间和精力来经营和维护。

如何维护一段友谊，我有以下几个建议：

1. 主动关心：关心朋友的近况和生活是维护友谊的良好方式。当你的朋友遇到困难或者需要帮助的时候，给予他支持和帮助是非常重要的。

2. 保持诚信：在朋友之间，诚信和真诚是最基本的要求。不要隐瞒或者欺骗你的朋友，即使是小事情也要坦诚相待，这样可以增进你们之间的信任和友情。

3. 容忍和尊重：朋友和你可能有不同的价值观和观点，容忍和尊重是维护友谊的必要条件。在沟通中要尊重对方的想法和意见，不要轻易表达自己的批评或者偏见，这样可以让你们之间的友情更加牢固。

我们只有真正珍视我们的友谊，努力维持和持续发展它们，才能够创造出真正长青不衰的友谊之树。

在人生旅途中，我们会遇到各种各样的人，但是好朋友永远是我们最珍贵的财富。友谊之树不会因为岁月流逝而凋零，它在我们的心中生长，继续照耀着我们的生命。无论何时何地，我们都可以凭借友谊之树的支持，勇敢地面对并克服生命中的种种困难和挑战。友谊之树长青，永不凋零，它是我们心灵的永恒宝藏。

（唐启锋）

## 爱意随风起

看过许多遍的电影并不会腻,人亦如此。那些我们爱过的人,同样难以忘却:或是记忆中的阳光,可化冰,可暖心;或是黑夜中凛冽萧瑟的寒风,刺骨,令人心寒;抑或是花簇中悄然绽放的茉莉,洁白、纯净,在回忆里氤氲着丝缕的香,一遍遍轻抚受伤的心灵……

但,无论是何种情形,结局怎样,正如那部反复一遍遍观看、体会的电影般,因为爱过,才值得我们去铭记。

一缕清风掠过,带着远方的思念,来到你的身边;

一次无意的,对上的,不止眼神,还有两颗懵懂的心;

一阵邂逅,轻松、欢愉,夹杂着的是平静许久,又准备再度携手的决心;

风起,爱意迸发,涌泉比不上,破竹比不上,世间万物,皆难与之比。

一

在炽热的青春中,总有那么些热烈却又短暂的热恋时光。热烈,如胶似漆,形影相随,奋不顾身,深陷其中,难以自拔;短暂,像夜空中划过天际而坠落的流星,令人惋惜不已。可纵然流星消逝,其自带的光芒却点亮了整片夜空,人们在叹息其短暂的同时,更多的是对那一刻的璀璨惊叹不已。刹那间的绚丽,已然刻于心中。

在父母一辈的眼中，年轻人的爱情不过是海面上的浪花，在又一轮海浪到来之前，它冲在所有人的前面，不顾旁人的眼光，无视他人的劝言，但经历下一轮的拍打过后，悄然湮灭。

可我并不这么认为。

在没有融入这个充满着利益与功利的社会前，这份不顾一切的爱，纯洁，不掺任何杂质，是多么难能可贵。在彼此的心中，只是再简单不过的要求，和你在一起就好，无所谓做什么。

相信许多人都和自己的那个他憧憬过未来的生活吧。并没有多么详细的规划，有的只是，每件事都与你有关，仅此而已。

这使我不禁想起了电影《泰坦尼克号》中的杰克和罗丝。繁琐人间，一位穷人画家，一位贵族小姐，两人欣喜相遇。夹板琳琅烟火中，热烈相拥。看似千篇一律的俗套，却能一次一次挑起观者心中弦。热恋就是这样，来时没有预告，汹涌洪水，狰狞猛兽，将两人腻在一起。

## 二

风停了，你我的故事，好像就到此为止了。

可是，为什么，离去了，又好像没有。那颗刚刚经历过热烈的心，不是已经熄灭了吗？何故耿耿于怀？

逢人便说，放下了，不爱了，却又在深夜的一次次失眠中想起。那些共同的回忆，好似依附于每一处目光所至之处。到最后，不得不承认，哦，原来我从未放下过，那颗被风激起的心，也从未平静过……

故事如同电影般开场……而后散场。感恩过，珍惜过，幸福过，然后呢？随之而来的便是假以时日的消磨殆尽，旷日持久转而变为爱恨情仇。

相爱的时光往往是短暂的，余下的恨，无尽漫长。漫长到，以至于，彼此之间的爱早已挫骨扬灰，恨，仍余音绕梁，经久不肯散去。

爱情好比种树。

开始时，一连串的培土，耕种，灌溉，护理。爱情之树一定不会自己长大，不会自己枝繁叶茂，它需要的是两人彼此用心呵护。

我想，许多人似乎只用心记得，种树的每一个开始环节他们都没有落下，甚至远超及格水平过犹不及。示爱，官宣，朋友圈，祝福，点赞，牵手，拥抱，山盟海誓……轰轰烈烈。每一个情侣间该做的一件不落，似乎急着去向世人证明什么。

故事之初，每个人都希望爱情之树能够葳蕤蓊郁，不曾想过，当新鲜感褪去，对于这一棵两人消耗热情经营起来的爱情之树，没人愿意去坚持护理、呵护。又或者是，一边渴望着修复，而另一颗心早已走远。

或许，热情退却后的争吵、暴力、闪躲，都不可避免。但我始终相信一点，这都只是爱情必经之路上的一道坎，无一例外。

所以，那些未曾长大就已死亡的树，定是缺少了点什么。

是耐心，是关心，是陪伴，是理解……我想，每个人心中应该都会有不同的答案吧。

庆幸的是，彼此之间那份爱，真真切切地发生过，也感受过。当你望向他时，慌忙转向别处的目光，那无数通未接来电，那个听到消息后奋不顾身朝你奔去的身影……每个人对爱的定义不同，但，这一瞬间，短暂到微秒，仿佛时间冻结，这份情感一定是永恒的。

《泰坦尼克号》的结尾，轮船，在下沉，而他们，在相拥。或许，这又是另一个层次的永恒呢？

## 三

老一辈的爱情令许多人羡慕，又或者说是仰慕。慕其长久，坚固如钻石；仰，因众人穷尽全身本领，也难匹及。

众人皆知钻石坚固，却难以体会岁月之中赋予它的苦难。正因在阳光映射下迸发出绝美的光芒，而使我们忽略了其艰辛，一路走来的不易。

每当有人好奇着前去询问，每位老人家给出的回复不尽相同，但似乎，总能找到"再怎么吵，这辈子，每天平平淡淡不也就这么过来了吗"如此的话语。

我好像能体会到一些什么了。是啊，无论是青春之初你侬我侬的激情，或是磨合期看似无休止的争吵，到头来终会归于平静。风过，云翻涌，叶舞动，浪咆哮，万物变换；风止，云定，叶落地，浪息，归于静谧。

原来，在爱情里，始终不变的，是一个人对另一个人的坚守。

坚守的意思是，纵使我们会争吵，甚至因为一点点鸡毛蒜皮的小事便开启冷战状态，但我从来没有想过去换一个人陪我生活。或是习惯使然，习惯了身边的人是你，习惯了每日的饭菜，不停的唠叨，或是深夜工作后那睡眼惺忪起来为我加热饭菜的身影，抑或是一边嫌弃我邋遢一边收拾着我胡乱扔的衣服的面庞。

这些，我统统将它归结于，爱。

遇到一个深爱的人本就是莫大的幸运，遇到了，便好好珍惜。享受和他在一起的每分每秒，每一寸肌肤的摩擦，每一个空气分子的运动，以及，每一次，心和心的碰撞。

未曾有过的，不必在意，将生活过得完美、惬意，你的他也正在路上，在雨后的屋檐下，或是某个不知名街道的拐角，你们会相遇。到那时，滑落的雨滴会营造意境，出现的彩虹做背景板，哪个角落窜出来的小猫，会打破尴尬，拉近彼此之间的距离。

总之，不必着急，一切都是安排好的，对的人，都在路上。

失去的，就让它逝去吧，且随风消散，或飘向远方，不必回来。

朝霞，鲜花，雨露点缀；

微风，蝉鸣，夕阳陪衬；

倦意，月夜，星辰相伴；

愿，往后余生，皆遇良人，可小酌，微醺，倾心；亦可相拥，安心，入眠。

祝你，也祝我。

（史浚宏）

# 理性恋爱，不做恋爱脑

最近一段时间，身边不少朋友都来向我谈起了心里那段很难放下的感情。在交谈中，"恋爱脑"这个词频频出现。一段感情中很难有人能真正做到理性恋爱。今天，笔者想在这里跟大家谈一谈如何理性恋爱，拒绝"恋爱脑"。

## 一　恋爱脑是什么？

前一段时间的"王宝钏挖野菜""王宝钏恋爱脑"在网上爆火。恋爱脑，是一个网络流行语，是一种爱情至上的思维模式，通常是指把心思全都放在爱情和对方身上，仿佛失去了自我。恋爱脑的具体表现有：恋爱时愿意付出很大的代价去换取对方的满足、陪伴等，如放弃某个工作机会去陪对方；为了给对方更好的恋爱体验，无底线地迎合对方的要求、无节制地纵容对方。

## 二　为什么会产生恋爱脑？

有研究者把成人在恋爱中的依恋模式分为四类：安全型、痴迷型、疏离型、恐惧型。其中，"痴迷型依恋"就是恋爱脑最常见的依恋模式。

**依恋风格**

社会心理学家金·巴塞洛缪在鲍尔比的依恋理论的基础上,发展出了用来描述成年人亲密关系的依恋模型。她从自我模型(依赖)和他人模型(回避)两个维度来分析成年人间的关系,形成了四种依恋风格:自我模型和他人模型都积极(低依赖、低回避)构成安全型依恋,自我模型消极、他人模型积极(高依赖、低回避)构成痴迷型依恋,自我模型消极、他人模型消极(低依赖、高回避)构成疏离型依恋,自我模型和他人模型都消极(高依赖、高回避)构成恐惧型依恋。

恋爱脑产生的最本质原因,是缺乏内在的安全感和归属感。一个人的依恋模式形成于婴儿时期和照料者之间的互动。痴迷型依恋的人很可能在婴儿时期和照料者之间形成了缺乏安全感的依恋模式,而婴儿期的依恋模式又会对成年期的恋爱风格产生影响。

低回避、高焦虑是这类人的典型特征。简单来说,就是恋爱脑的一方十分渴望亲密关系,但又害怕被抛弃,其情绪和行为都十分不稳定,有时会主动接近,有时又非常冷漠,难以捉摸。这种依恋模式会导致双方感情变得十分脆弱。

恋爱脑是不是无药可救呢?

## 三 如何改善恋爱脑?

### 经常性的自我暗示

培养积极的自我价值,可以采用心理暗示的方法,坐下来,静静思考。写下有关自己的积极方面的文字:我的优点是什么;我有什么优秀的品质和能力;我做过什么值得骄傲的事情……

如果一开始做不到,也可以去问问任何重要他人(爱人、朋友、父母、老师),久而久之,形成对自己更积极的看法和态度,提升自我的价值感，才能进一步对关系产生帮助。

### 亲情和友情是治愈的良药

幸福感不是只有恋爱才能拥有，还有来自亲朋好友的幸福感。多和朋友一起出去玩，感受和朋友在一起的快乐；还可以和父母家人在一起，家庭始终是可以恢复自己能量的"解药"。在陷入失去自我的爱情里，要想起来你的世界除了爱情，还有友情和亲情。

### 转移注意力，培养兴趣爱好

恋爱脑的人往往会变得不够理性，一心动就"降智"，一恋爱就"上头"，过分感性，过于卑微，被感情牵绊困住，影响自己的生活，是对自己不负责任的表现。想要及时摆脱恋爱脑，你可以培养自己的兴趣爱好，让自己有事可以做，这样可以转移自己的注意力，不会把全部精力都放在另一半身上。

### 爱人先爱己

恋爱脑的人往往忽视自己感受，而过分迎合对方，会让自己处于"低姿态"，这是非常危险的。爱人先爱己，即要学会尊重自己，别和自己过不去。要有自己的想法，不要一味迁就对方。爱情是平等的，需要两个人共同经营。

恰如王菲在《情诫》中唱道："爱恨无须壮烈""和谁亦记得，不能容他宠坏，不要对他依赖"。不丧失自我，不过度依赖，理性的爱情亦是如此。愿你在任何一份感情中，都不会忘记爱自己。

（孙广博）

# 你的爱情，到来了吗？

怦然心动、一见钟情、花好月圆、山盟海誓、天长地久……美好的爱情，令人神往。我们为什么会爱上一个人？为什么爱上的是这个人，而不是那个人？你遇到的，是爱情吗？爱情是如何发生的？

### 外表吸引力

进化心理学大量研究发现，男性更喜欢丰满的嘴唇、清澈的眼睛、亮泽的长发、女性化的嗓音、光洁的皮肤、低腰臀比、灵巧的身体和轻盈的步伐。女性更喜欢面孔特征对称、身材高大、强壮、头发浓密、宽肩窄腰、略带女性化的脸。

体貌传递着有关一个人的健康状况和生育能力等重要信息，是两性择偶的重要标准之一。

### 时空接近

心理学家发现，只要频繁地接触，好感就可能在无形中建立，人们喜欢熟悉的东西，要爱上某个人，要先见到他，距离上（包括物理距离和心理距离）的接近，能促进爱情的发生。

在同一个教室上课自习，在图书馆和餐厅偶遇，经常坐同样的公交和地铁，爱情就在一次次的相遇中悄然发生，这样的桥段在影视作品与现实生活中都经常看到。所以，爱他，就去创造情境，拉近自己与他的物理与心理距离吧。相反的，分居两地、网络恋爱的成功率都很低。

### 相似相吸与相异相吸

遇到一个和自己有着相似背景、个性、外表、爱好和态度的人，更有可能会彼此吸引，"相见恨晚"之感油然而生。

需要注意的是，在网络时代，通过对个体的社交媒体、网页浏览痕迹等进行分析，可以比较精准地描绘出个体画像。因此，大学生在网上交友时，要警惕别有用心的人运用相似相吸原理来让你掉入"爱"的陷阱。

除了相似性，个体还可能被与自己具有相反特征的人所吸引，但是这种相异性往往是因为对方身上具有你所渴望而自己却没有的特征，比如，喜欢却不太懂艺术的人爱上艺术家；或者是个体用一种资源换取另一种资源，比如，年轻的女性喜欢上富有的年长者。基于进化心理学的观点，从生存和繁衍策略来看，男性注重女性外表，而女性更关心伴侣的财务状况。

个体寻找的爱人，往往从一个层面看是和自己相似的，而从另一个层面看与自己又是有不同的。

### 受苦与排除万难

心理学家发现，大脑很不喜欢未完成状态，未完待续更吸引人，被中断的事件在个体心中留下的记忆最清晰、最有力。放在恋爱情境下，表现为个体愿意迎难而上，喜欢追求那些不容易得到的人。研究发现，当爱情关系受到外在力量的干扰或破坏时，如遭到家庭阻挠，两个人会爱得更深，恋爱关系更加牢固，这种现象被称为"罗密欧与朱丽叶效应"。

如果反过来运用"罗密欧与朱丽叶效应"，这也在提示我们要理性地去觉察，你是真正爱着眼前的人，还是未完情结在作怪？

### 激素催化

苯基乙胺（PEA）是一种神经兴奋剂，它是爱情的启动激素，它能让人感到一种极度兴奋的感觉，呼吸和心跳加速，手心出汗，面色发红，使人感到更有精力、信心和勇气，同时会让人产生偏见与执着，丧失客观思维的能力，正所谓"情人眼里出西施"。

研究发现，当情绪紧张时，会加速 PEA 的分泌。这与爱情有什么关系？举个例子，当一个人提心吊胆过吊桥的时候，会不由自主地心跳加快，如果这时候恰巧遇到另一个人，个体可能错把这种情境引起的心跳加速理解为爱情的怦然心动，从而感到自己爱上了对方，这被称作"吊桥效应"。

两人一起坐过山车时，看恐怖电影时，都可能产生类似的效应。因此，有时正是错误的归因变成了爱情的催化剂，这也是能让对方产生心动体验的恋爱小妙招。

### 亲　密

成为朋友可以激发安抚的情感，"友谊型"的爱情就是通常刚开始时是好朋友，后来从相知友谊发展成爱情。这类感情的发展细水长流，平静而祥和，往往更易于长期地维持。心理学家李玫瑾就曾说，恋爱可以先爱后恋，首先像朋友一样发展"爱"，再到排他的"恋"。

### 强迫性的重复

如果仔细地观察，你可能会发现自己或身边的人陷入了一些固定的恋爱模式，他们总是容易被同一类型的人吸引，或者与不同的恋人重复类似的互动模式。这在心理学领域被称作"强迫性的重复"。

婚恋专家黄维仁指出，个体常常不由自主地与某些特定的人发生爱或恨的关系，很可能是因为这些人身上具有自己成长中重要人物（例如父母）的心理特征。比如，可能找了一个特别像妈妈的女朋友，或者特别像爸爸的男朋友。这也是我们在恋爱中需要保持自我觉察的地方，这样才能避免不断陷入重复的恋爱模式中，去拥抱真正属于自己的幸福的爱情。

你找到那个令你心仪的人了吗？你对他是喜欢还是爱？喜欢或爱的程度有多深？下面的心理测试可以提供给你一些参考。

**自测：** 你对他（她）是爱还是喜欢？

（一）爱情量表

1. 他（她）情绪低落时，我首要的职责是让他（她）快乐起来。
2. 在所有的事情上我都可以信赖他（她）。
3. 我觉得不计较他（她）的过失是一件容易的事。
4. 我几乎愿意为他（她）做任何事。
5. 我对他（她）有独占欲。
6. 我不能永远跟他（她）在一起，我会觉得非常痛苦。
7. 寂寞时我首先想到的就是去找他（她）。
8. 他（她）的幸福是我最关心的事。
9. 我愿意原谅他（她）的任何过错。
10. 我觉得他（她）的幸福安康是我的责任。
11. 同他（她）在一起的大部分时光，我就这样看着他（她）。
12. 我非常享受他（她）对我的信赖。
13. 没有他（她）的日子，对我来说很难过。

（二）喜欢量表

1. 我们在一起时的心情总是一样的。
2. 我认为他（她）环境适应能力很强。

3. 我抢先推荐他（她）做一项责任重大的工作。

4. 依我来看，他（她）特别成熟。

5. 我相信他（她）有良好的判断力。

6. 即使和他（她）短暂相处，人们大多也会有很好的印象。

7. 我觉得他（她）跟我很相似。

8. 我愿意在班级或群体选举中投他（她）一票。

9. 我觉得他（她）是一个能很快博得尊重的人。

10. 我觉得他（她）绝顶聪明。

11. 在我认识的人当中，他（她）是非常可爱的。

12. 他（她）是我很想学习的那种人。

13. 我觉得他（她）非常容易赢得人们的钦佩。

说明：符合的记 1 分，不符合的记 0 分，比较两个量表的得分值，就能衡量出你对某个人的感情是喜欢还是爱，以及喜欢和爱的深浅程度。

马克思曾为妻子燕妮写了一首诗歌："要知道世界上唯有你，对我是鼓舞的泉源，对我是天才的慰藉，对我是闪烁在灵魂深处的思想光辉，这一切一切啊，都蕴藏在你的名字里。"爱情如此妙不可言，祝福大家都能转角遇到爱，收获人生的幸福！

（赵娟）

## 走出社恐，拥抱世界

你是否曾穿梭于人群之中却因惧怕而只字不语？你是否曾在当众发言时手脚出汗，声音颤抖？你可曾偶遇熟人却逃也似的离开？你可曾渴望着游玩的快乐却因害怕社交而婉拒他人？当与社交有关的事物进入你的生活中时，焦虑烦躁是否总是占据了你的大脑？或许，当下的你正被社交恐惧症所困扰着。

但请先不要害怕，也不要紧张，放松心情，静待花开。在社交恐惧症的黑暗中行走的你，并不孤独。根据中国精神卫生调查（CMHS）2019年发布的数据，中国成年人社交恐惧症加权终生患病率约为0.6%。也就是说，有几百万成年人曾经或正在承受社交恐惧症的桎梏。

从心理学上的定义来说，社交恐惧症以过分和不合理地惧怕外界某种客观事物或情境为主要表现，患者明知这种恐惧反应是过分的或不合理的，但仍反复出现，难以控制。通俗地来说，患者会对社交情景不自主地感到恐惧焦虑，明明知晓焦虑情绪之无益性，却无法控制。

其实，许多社交恐惧症患者并不是完完全全地排斥社交，相反的是其中有相当一部分的人是渴望社交的，他们向往社交所带来的欢乐与喜悦，但却因为种种原因而止步于家门口。或是过度害怕负面评价而回避社交场合，一如太宰治在《人间失格》中提到的："趁着还没有受伤，我想就这样赶快分道扬镳。"或是缺乏信心，习惯性自卑，无法在公众面前正常展现自我，从而自我评价不佳，更加恐惧社交场合，形成恶性循环。或是无法摆脱往日不愉快的社交经历所带来的阴影，受困于闭锁的内心。内心的渴望与焦虑，挣扎着，撕扯着，交织而又分裂。

认知行为疗法或许能引导饱受社交恐惧症的人走出漫漫长夜，让他不再惧怕，不再焦虑，打破社交恐惧症带来的枷锁，欣喜地迎接黎明之日。

在此分享几条有助于走出社交恐惧症的小建议，希望能对诸位"社恐"的朋友有所启发。

### 一 展开胸怀，沟通创造美好

放下思想包袱，轻松自然方是与人相处的最佳模式，表达出你愿意与人交往的念头，让朋友理解你接纳你。同时，你也可以尝试着做一个倾听者，当你站在社交的另一个角度时，或许能惊喜地发现"原来事情并不是我想象的那样"。如此，也更加有助于抛下情绪负担，形成良性循环。

### 二 专注当下，体验社交过程

著名的墨菲定律提到过："如果你担心某种情况会发生，那它就更有可能发生。"所以，不要过度焦虑于将会发生的社交情景，应将注意力放在当下。去享受社交带来的欢乐与喜悦，去探索社交中未知领域的惊喜，去感受社交为你带来的满足感。专注于谈话的内容，你就能停止对下一秒的焦虑。记住，你能控制的是当下，而不是未来。

### 三 接受瑕疵，残缺也是一种美

金无足赤，人无完人。接受那个最原始、最普通的自己吧！不完美如何，不成功如何？尴尬又如何，不被所有人喜欢又如何？"竹杖芒鞋轻胜马。谁怕？一蓑烟雨任平生。"停止对自己的挑剔与苛责，接受自己的不完美。且如史铁生在《病隙碎笔》中道来："且视他人之疑目如盏盏鬼火，大胆去走你的夜路。"

  朋友们，请放下内心的焦虑与恐惧，去成为海里的浪，风中的云，走进光里，拥抱温暖，去看看这个五光十色的世界，去认识那些闪闪发光的人们，去成为这个世界的一部分，去体验这个世界的多姿多彩吧！既然播种了星星，就去感受银河之灿烂、极光之绚烂！

  纵有千古，横有八荒。前途似海，来日方长。历经山河，人间值得。亲爱的朋友们，请试着走出社交恐惧症，也许你就会发现，这个世界正在欢迎你的到来，期待与你拥抱。

（杨舒婧）

## 别人喜不喜欢你，真的不那么重要

我们时常标榜要活出自己，不必太在意他人的看法，但还是有意无意会根据外界的各种评价来判断自己做得正确与否。如果受到表扬，就觉得自己是对的；如果受到批评，就否定自己的成绩。

一个坏消息是，你无法让所有人喜欢你。也有一个好消息，这无所谓，别人喜不喜欢你，真的不那么重要。

这个世界有 20% 的人，无论你怎么努力和讨好他们，他们依旧不喜欢你，这部分的本质是玄学以及彼此气场之间的排斥。还有 20% 的人，是无论你犯了多少错误，只要属于还能补救的程度，他们依然喜欢你，这部分的本质是能量场的吸引以及底层价值观的契合。而剩下那 60% 的人，会评判你当下的行为表现及阶段性的利益关系，一会儿觉得你还不错，一会儿觉得你不怎么样，这部分主要取决于双方地位以及价值互换。

当所有人都在夸奖你的时候，问问自己，是不是真像他们说的那么好；当周围的人对你一片贬低或者全盘否认时，问问自己，是不是真像他们说的那么差。其实，一切都在于你内心之中对自己有怎样的认知。

"他强任他强，清风拂山岗；他横由他横，明月照大江。"出自《倚天屠龙记》，是九阳神功的武学理念。意为，就算使用像清风一样无孔不入的招式，也伤不了大山分毫；就算有着像月光一样无处不在的身法，也不能对大江造成任何影响。如今，很多人深陷于他人和外界的评价之中而无法自拔，甚至被别人拿捏自己内心的忧虑、不安、懦弱和无知而不觉，渐渐失了本真，忙忙碌碌只为寻求外界的认可。蓦然回首，自我早已模糊。

《被讨厌的勇气》中有这样一句话："我们本就不是为了满足他人的期待而活，也要接受他人并不是为了满足我们的期待而活。"当一个人根本不怕别人在关系中对他不好的时候，才拥有真正缔结良好关系的能力。这个不怕，是相信自己的眼光，相信自己的真诚，相信自己的实力。即是说，我不会选错人；就算错了，也没关系，就算遇到最差的情况，我也不会后悔；我有足够的实力为任何一种"不后悔"的方式"买单"，为自己的选择负全责。人格成熟的人，心态强大，对生活有足够的把控力。而害怕被辜负、害怕遇人不淑，往往都是把自己放在了弱者的位置。

人生是来体验的，不是来演绎完美的。终其一生，从来不是为了满足别人。与自己和解，是一种难能可贵的能力。接纳自己身上的起伏，允许自己偶尔不在状态，不刻意营造所谓的完美形象。小草虽不突出，但很顽强；虫豸虽微末，变为蝉于秋风中饮露，化作蝇于夏月里扑簌。人生不过短短数十载，总得有些纵情恣意。

（马凡迪）

## 巧用吸引力法则，开启美好新生活

有句英语格言叫"Fake it till you make it."意为"真正做到之前假装你能做到。"在成功之前，假装以成功者强大自信的姿态去追梦，就更容易实现"成功"。这句格言告诉我们，要学会去"相信自己"，当你想吸引什么样的人，那么请先成为那样的人，如果你想做成什么事，那么请相信自己一定可以做到。

万事万物之间都存在吸引力，人和人就像磁铁，也可以相互吸引。心理学家把这种现象称为人际交往的"吸引力法则"（又叫吸引定律），指的是当你的思想集中在某一领域时，跟这个领域有关的人、事、物就会被吸引而来。

吸引力法则背后的心理学原理是什么？

在《星球大战前传3：西斯的复仇》中，阿纳金·天行者做了一个梦，梦见妻子帕德梅在生下孩子不久后就会死去。他不惜一切代价地相信这梦会应验，堕入了原力的黑暗面，最终导致帕德梅在分娩后死去。虽然这只是个科幻电影情节，但在现实生活中却有迹可循。在心理学上，我们把这种现象叫作"自证预言"，说的是人会不自觉地按自己内心的期望来行事，最终令自己当初的预言成真。

你的思想会在与其他人的互动中产生作用，引发他人的反馈。同样，无论我们自身所散发的是欢乐、愉悦、热情、积极，还是悲伤、不满、生气、焦虑，这些情绪都会像磁铁一样，吸引更多相似的情绪。当你的情感和思想越强，你的磁力就会越大。你调节到想要的频率,就可以吸引同一个频率的人和事物。

个人层面上,吸引力法则本质上是我们内心投射的结果。"所思即所见,所见即所得",比如,心地善良的人总也不相信有人会加害于他,而敏感多疑的人则往往会认为别人不怀好意,一个经常不自信的人,会觉得别人也不靠谱。

在社会交往中,学会运用吸引力法则是一项非常重要的能力。通过吸引他人的注意和兴趣,我们可以建立起良好的人际关系,并获得更多的机会和资源。吸引力法则可以帮助我们提升自己的吸引力,与他人更好地交流和互动。

那么,怎样运用吸引力法则呢?

### 一　展示魅力,觅得人生知音

要想吸引他人的注意,首先要展示自己的价值。这包括我们的知识、技能、经验和特长等。我们可以通过提供有益的建议、分享有趣的故事和经历,或者展示出独特的才能来吸引他人的兴趣。同时,要保持积极的态度和乐观的心态,这样能够更好地吸引他人的好感和关注。

### 二　同频共振,收获甜蜜爱情

在爱情中,"同频共振"也是双方能够互相吸引的要素之一。婚姻就像一盘棋,夫妻间的段位越接近,博弈的时间就越长。越是相似的两个人,更容易找到共同的语言,产生爱情的概率就越高,走得也越长远。靠近有趣的人,你也会变得幽默;靠近睿智的人,你也会变得博学;靠近"善任智勇"的人,你也会变得有勇有谋……所以,你想要遇到什么样的人,想要跟什么样的人相爱,决定权在你手里。

### 三　敢想敢做，成为职场达人

在职场上，吸引力法则可以帮助我们快速获得成功。机会总是眷顾有准备的头脑。时刻关注公司的动态和行业趋势，积极学习新知识和技能，提升自己的专业素养。时刻保持一颗向往进取的心，主动寻求资源、争取晋升或加薪的机会。久而久之，当你的行动成为习惯，心态也会随之变得更加从容自信。优秀的你也必定会吸引来领导和同伴更多的关注，进而获得更多的机会和资源。

吸引力法则，是每个想要变得优秀的人都可以学习的人际交往小"魔法"。未来成长的道路上，小伙伴们，相信自己，拥抱"吸"望吧！

（于浩、马力维）

## 内向优势：i 人的交友密码

最近在互联网上，一些年轻人总喜欢用四个字母来自我介绍："我是 INTJ""我是 ENTP"，就像是在相互对暗号一般。其实，这四个字母代表了迈尔斯-布里格斯人格测试中 16 种典型的人格类型。第一个字母 E（extrovert）或 I（introvert），代表的是人格的注意力方向，即人们习惯于将注意力集中在何处。据此，心理学家把人们分成了外向型人格和内向型人格两种类型，也就是人们常说的 e 人和 i 人。

从行为和思维方式来看，i 人通常更喜欢独立工作，而不是团队合作；在社交场合比较害羞和拘谨，不太善于主动和人交流；喜欢和人建立深层次的联系，而不是广泛的社交网络；平时更喜欢深入思考，更注重内心体验，而不是外在表现。e 人则通常更喜欢社交活动，擅长团队合作，喜欢建立广泛的社交网络；性格比较开朗、自信，善于表达自己，更注重外在表现等。

我们常常听到有人说："我想变得更加活泼、外向，那样就能交到很多朋友"，市面上也有很多教你如何变得外向开朗的书籍，似乎人们更为崇尚 e 人。那么，假如你恰好是一个典型的 i 人，该如何正确看待自己的个性，又如何将自我独特的个性运用到人际交往中呢？

## MBTI

MBTI 的全称是迈尔斯-布里格斯类型指标（Myers-Briggs Type Indicator），是一种以瑞士心理学家卡尔·荣格的理论为基础的人格类型评估工具。它从外向/内向、感受/直觉、思维/情感、判断/知觉等四组维度划分出 16 种人格类型，常被用于个人发展、职业咨询和团队建设等领域。

### 一　做真实的自我，切忌主动贴标签

假如把 i 和 e 比作一把标尺的两端，那么每个人的性格都会落在这把标尺的某个点上，这个点靠近哪个端点，就意味着哪种倾向相对而言更明显。在某些情况下，根据工作或环境的需要，我们可以依靠个人的意志去塑造自己的人格，主动地把自己变成一个比较外向的人。例如，小 A 是一个偏内向的人，但是为了让自己所在的项目组赢得竞争，从来不敢在人前发言的他克服了自己内心的紧张，在会议上侃侃而谈，自信顺畅地把小组的想法表达出来。

《蛤蟆先生去看心理医生》一书中，有这么一句话："没有一种批判比自我批判更强烈，也没有一个法官比我们自己更严苛"。因此，我们不能把 i 人 e 人同"社恐""社牛"直接画上等号，也不要简单地给自己贴上 i 人或 e 人的标签，以免失去宝贵的成长机会。

### 二　做一个倾听者，掌握非语言社交密码

国际知名销售大师博恩·崔西的一项调查发现，企业的采购经理最喜欢的是偏内向的销售员。优秀的销售人员会用 30% 或者更少的时间来说话和询问客户问题，而用 70% 或者更多的时间来倾听客户，关注客户的实际需求。相对而言，性格内向的销售员更善于倾听，容易给顾客留下善解人意、充满耐心的印象。

在社交活动中，人们往往更愿意关注"说话"的技巧，但"倾

听"技巧同样重要，毕竟，沟通的目的是为了分享和交流信息。内向者对语言以外的信息很敏感，善于从对方的手势、眼神、语气等提取到一些外向者可能错过的"非语言沟通"信息。这是内向者收获优质人际交往的一把"金钥匙"。

### 三　不必害怕"慢热"，静待友情之花绽放

在交往时，e人可能很容易跟陌生人打开话题，在朋友圈里跟很多人打成一片。而i人往往害怕自己的性格不受欢迎，不敢主动交流。实际上，很多人似乎更喜欢跟内向的人做朋友。有研究表明，内向者具有较强的共情能力和情绪感知力，很容易注意到朋友的心情，并及时给予反馈，为交往提供更高的情绪价值。

此外，i人还有以下几点性格优势：办事谨慎，感情细腻，更易得到同伴们的信赖；思维缜密，看问题更加全面深刻，有自己独特的见解；喜欢自省，不太容易与人起争执；倾向于熟人圈交流，只拥有少数的朋友，但关系更稳定长久。所以，i人不必害怕"慢热"，勇敢跨出交往的第一步吧！

### 四　开启"自我保护系统"，切忌过载消耗

或许对e人来说，参加一场朋友聚会、与很多陌生人交流会让他觉得很兴奋，但对于i人来说，人多又嘈杂的环境、一次次话题更迭令他们精疲力竭，每次聚会之后都累得不想动。此时，对i人来说，正确的做法是实时关注自己的状态，适时做出恰当调整，及时开启"自我保护系统"。停下来，缓一缓，减少交往的频率和强度，适当地独处一段时间，切忌过度消耗。把恢复精力的任务放进计划表里，制订一个休息的"零计划"：去公园里散散步、感受大自然的生息；窝在小屋里听着窗外滴滴答答的下雨声；进行适当的冥想、轻度拉伸、瑜伽……

著名心理学家卡尔·荣格曾说过,这就像问"短跑运动员和长跑运动员谁更厉害"一样,人格没有好坏之分,没有可比性。发挥内向优势,i人同样能收获成功,也一样能赢得真挚的友谊!

(郑诗莹)

## 爱与被爱，请坦然付出与接受

你是否有遇到或者正在成为"冷漠"的人？除了日常工作交接，时常拒人于千里之外，似乎既不会给予爱，也不需要被爱。可是，"冷漠"的人也会周期性情绪崩溃，也会忍不住羡慕旁人的欢声笑语，往往独自疗伤后重新戴上强势的面具。

事实上，没有人是情感绝缘体，或许过往爱的缺失让人形成一套自我防御机制，去刻意回避爱、抗拒爱。

正如心理学词语"反向形成"所阐述的，当有意压制某些东西时，会下意识地用完全相反的方式来表达，直白点说，就是口是心非，所想和所为恰好相反。有些压制在一瞬间，其中的不适感或许会随着时光消散，而对于情感的压制，对被爱的需求刻意忽视所带来的痛苦，却如同荒蛮的野草，春风吹又生。没有人能承受长久与爱隔绝的后果，人也正因拥有更为丰富的情感而特别。

希望被爱，并不是一种低级的欲望，也不是阻碍人独立、强大的累赘，即使成功者也会有被爱的渴望，这是人最为本能、真实的内在需求。

如果经常回避情感，克制自己希望被爱的情绪，并为这种情绪的滋生感到自卑和羞耻，那么不妨深入内心去探寻原因，鼓起勇气将过往的经历进行梳理，给自己一些时间，去看看这些否定心理背后潜藏着的胆怯和伤痕。只有伤口被找出，心灵才能被疗愈，才会有面对真实自己的力量。

借鉴老子在《道德经》中提到的"无执"思想，人应不执着、不拘泥，一个思想真正独立的人绝非一意孤行、坚持己见，也能耐心倾听别人的善言；一个内心真正强大的人绝非时时刻刻独当一面，也能坦然接受他人的呵护和关爱。

当爱的感受和需求被压缩，外界在我们眼中也将被过滤掉令人愉悦的光彩，而当爱的情绪被自然接收和释放，我们将有效聚焦生活中可爱的方方面面，人生的体验也将更加美好和自在。

如果说有一种情境下的失败值得期待，那必定是与爱的交锋，愿你在爱的情感前败下阵来，并在被其俘获的过程中向阳生长。

（谈畅）

## 总是忍不住跟他人做比较，怎么办？

有人说，幸福感是比较出来的。例如，某人本来觉得自己的工作待遇还可以，一次偶然的机会，发现单位里学历、职位与他相当的某位同事工资却比他高，心中就很不是滋味。

在成长过程中，我们常常被拿来与其他人做比较：与同学比成绩，与兄弟姐妹比特长，与同事比绩效……这种比较有时候是刻意而为，有时候是不自觉地发生的，有人甚至总是习惯性地拿自己与别人做比较，并因此患得患失，影响日常的工作学习和身心健康。今天，我们就来聊一聊这种心理现象。

著名心理学家费斯廷格把这种心理现象称为"社会比较"。社会比较又称为人际比较，是一种普遍存在的社会心理现象，是人类在相互作用过程中不可避免的。在现实生活中，人们往往通过与周围他人的比较，来定义自己的社会特征（如能力、智力等），而不是根据纯粹客观的标准。

当人们对自己的观点和能力感到不确定时，而现实生活中没有直接客观的参照时，往往把自己与能力、观点、条件、经历相似的他人进行比较，以此获得更加精确的自我评价。这种比较被称为"平行比较"。

有时候，人们会与比自己优秀的他人进行比较，这也被称为"上行比较"。上行比较会激发人们自我改善或者自我提高的动力，提升自我价值感。例如，有研究发现，癌症病人会花更多的时间阅读其他病人的积极内容，而且阅读的内容越多，病人的积极情绪体验就越多。

不过，正所谓"山外有山，人外有人"，即使是能力非凡的人，也会遇见比自己更有才华的人，上行比较也会带来风险，发现"己不如人"时人们往往会萌生自卑感，产生消极的自我评价。

当人们经历不幸、丧失、挫折或危险时，常常喜欢与境况更差的人做比较，这就是所谓的"下行比较"。用阿Q精神安慰自己："比上不足，比下有余"，这样做可以减少压力，从而维护自尊和主观幸福感。例如，有些人特别喜欢在网络上看那些不幸的故事，因为看完后会感觉自己很幸运，对现在的生活感到很满意。

在社会比较中，还存在着两种常见的认知偏差。"优于常人效应"，指在社会比较中人们认为自身的能力、成就超过一般人的现象。有一项调查研究发现，90%的司机认为自己的驾驶技术好于其他司机。"差于常人效应"，是指在社会比较中人们认为自身的能力、成就差于一般人的现象。例如，对诸如"活过100岁"等这些比较罕见的事情，多数人认为自己没戏。

此外，还有一种消极的社会比较现象，叫作"天才效应"。一般是在他人明显优越于自己，而且无法回避社会比较时，通过提升比较目标的能力，来维护自身的心理平衡。例如，当某个学生成绩落后时，会过分夸大"学霸"同学的学习能力，认为他们天赋比自己高得多，不具有可比性。

在认识了社会比较的种种现象与规律之后，我们该如何进行积极的社会比较，让自己的主观幸福感变得更高呢？可以采取以下几种社会比较策略。

### 选择新的比较维度

当我们在某一方面受到挑战或者威胁时，可以通过关注自己其他领域的才能或者特长，或者关注事物其他的积极方面来应对威胁。这一策略又称为"补偿策略"，所谓补偿就是通过关注自我积极的方面，来抵消或者平衡自我消极的方面给自尊带来的威胁。例如，一个家庭经济条件不太好，但是孩子学习成绩非常优秀，父母往往喜欢在亲友面前夸赞自己的孩子有出息。补偿策略是维护个体自尊的一种机制和应对策略。

### 降低社会比较水平与数量

如果一个人在某方面条件不尽如人意，可以适当降低这方面的社会比较水平和比较数量。例如，在激烈的学业竞争中，大多数的学生无论实际成绩如何，都不太愿意家长过多地拿他的成绩与别人比较。因此，家长在和孩子交流时，也要适当地少提"别人家的孩子"，应该鼓励孩子与自己过去的成绩进行比较，发现进步空间，增强赶超动力。

### 改变比较信息的重要性

当社会比较信息对个体的自我评价造成威胁时，个体可以降低比较的重要性，这样可以减少心理上的不平衡感。例如，某位女生觉得跟身边的女孩相比，自己相貌平平，在与异性交往时总感到不太自信。但是她努力地提升自己的学识涵养，在工作上积极进取，取得不俗的业绩，周围的男生都向她投来赞赏的目光。她发现，对于人际交往而言，容貌并没有自己想象中那么重要，人也变得愈发地自信开朗了。

无论是主动的还是被动的，我们每个人都回避不了社会比较。社会比较广泛地影响着我们的心理健康，造成焦虑、抑郁、自卑、妒忌等情绪，也会对人际交往、自我效能感、主观幸福感等产生积极或消极的影响。

社会比较是把双刃剑，既可以带来积极的影响，也可能产生消极的后果。是"比上不足比下有余"，还是"知足常乐"，也许，当你对社会比较有了一个更清晰的认识后，你会做出自己的选择。

（陆峥）

## 告别讨好型人格，爱己爱人爱生活

在生活中，你是否时常经历以下几种情况：

别人拒绝你时轻描淡写，你拒绝别人的时候却感觉自己犯了天大的错误。

不善于拒绝，哪怕你并不情愿，也因害怕引起对方的不满而选择迁就。

与人交往时，总反思自己的言行举止是否恰当。

总是担心会打扰别人，害怕别人觉得自己烦。

微信聊天经常撤回，朋友圈的文案反复斟酌。

如果以上场景总是在你的生活中出现，而你深受其扰却又不知如何是好，那你可能正在慢慢陷入讨好型人格。

讨好型人格是一种一味地讨好他人而忽视自己感受的人格，是潜在的不健康行为模式，而非人格障碍。很多人会因为过分追求他人的欣赏与肯定，希望身边人都能喜欢、接纳自己，而不自觉地养成讨好他人的习惯，进而演变成讨好型人格。

讨好型人格背后的心理逻辑其实不难被参透：以为把自己的姿态放得很低就能赢得他人的喜欢，只要迎合就会被他人认可，本质上，是一种自卑和不自信。

讨好型人格的成因有很多，原生家庭的教育方式、对于被拒绝的错误认知以及自身性格等因素，都可能造成一个人对被他人认同的过分渴望。但实际上，一味地讨好别人，并不能真正地得到对方的喜爱和认同。可能你越讨好，别人就越不尊重你；一旦形成习惯，你稍微表示出拒绝就会遭到比普通人更多的不满和非议。有人说讨好型人格是因为心底的善良，因为这种人格的人考虑别人的感受。但这样的"善良"是被扭曲的，过度的"换位思考"对自己和他人都是一种负担。

那么，陷于讨好型人格之后，又该如何改变自己的思维定势呢？

首先，正确的认知非常必要。你需要明白，被人喜欢不是必须的，但接纳自己是。不要遇事就全盘否定自己，关注自己值得肯定的地方，找到自我实现的价值所在。多同朋友交流，从批评中了解自己的状态，从夸赞中汲取前进的动力。

其次，设立边界和底线。当你深陷一种状态，控制自己并非易事，分寸感和不为他人所动摇的底线就显得尤为重要。无条件的退让只会纵容对方，只有当你坚守自己的底线，才不会陷入讨好的怪圈；只有当你把控好交往的分寸，对方才会理解你、尊重你。

再次，尝试建立预演反应模式。虽然能够意识到讨好行为对自己有负面影响，但往往很难避免这种倾向。所以可以在讨好行为发生前，在脑海中想象发生的场景，并且模拟出你恰当的反应，避免因慌乱而重蹈覆辙。

最后，解决讨好的最好办法是让自己变得优秀。与其花费精力去讨好别人，不如用来提升自己。把生活的重心放在自己身上，做自己想做的事，提升自己的能力，哪怕你不讨好别人，他们也会因为你的优秀而敬佩你。

不讨好，不勉强，不凑合。当你足够努力、足够优秀之时，你会发现，不必低头，自己也是风景。我们总是想着去怎么讨好别人，却忘了我们最该"讨好"的人是我们自己。先爱己，后爱人，摆脱讨好型思维，自信努力的人更能赢得他人的认同和尊重。选择好最适合自己的方向开始奔跑吧，生活本身可能会很沉闷，但是跑起来，一定就会有风。

（林相楠）

## 避免投射现象，让你看到更真实的世界

投射现象是指以己度人，认为自己具有某种特性，他人也一定会有与自己相同的特性，把自己的感情、意志、特性投射到外部世界的人、事、物上，并强加于人的一种心理现象。即"我见青山多妩媚，料青山见我应如是"。

### 投射现象是一种认知失真的倾向

投射现象会使我们在认知自我、认知他人、认知世界的过程中产生认知失真的倾向。我们会倾向于按照自己理解的样子来认知他人和世界，即"你怎么样，你眼中的别人就怎么样，你眼中的世界就怎么样"。比如，一个心地善良的人会认为别人也很善良，不会有人恶意伤害自己，即使自己被伤害了，也倾向于认为对方是无意的；一个精于算计的人会认为别人也精于算计，即使别人对他的好是无所求的，但也无法改变他对别人的防范。通常这种投射现象当事人是不自知的。就像是从自己这里发出一道光，照在别人身上，自己看到别人亮了，还以为是别人在发光，但实际上光是从自己这里照出去的，但自己却不自知。

### 投射现象是一种自我防御机制

如果我们把自己的一些积极的、正性的特性投射在和我们相似的人身上，我们会倾向于认为"物以类聚，人以群分"，当社会对他

们进行积极、正性评价时，我们会有强烈的代入感，认为自己也是被肯定、被称赞的，这会增加我们的自我价值肯定。比如，某人为人乐观、开朗、友善，当他看到乐观、开朗、友善的人受到周围的人喜欢时，就会倾向于认为，如果换作自己，也会受到这样的礼遇，从而增加对自己的认可，获得自我价值的保护。

如果我们把自己的一些消极的、负性的特性投射到与我们相似的人身上，在对方被负性评价的时候，我们会倾向于支持这种负性评价，以此来消减自己内心的焦虑。比如，我们担心别人认为自己是个斤斤计较的人，于是当看到别人斤斤计较时，我们就会对他的斤斤计较表现得异常愤怒，甚至加入指责者的行列当中，从而消减自己内心的不安感，实现对自我价值的保护。通常这一切的发生，当事人往往是意识不到的。

### 子非鱼，安知鱼之乐

生活中，我们有的时候能从这种推己及人的投射现象中获益。比如，我们不爱独处，喜欢与人为伴，也认为别人都不爱独处。喜欢与人为伴，正好我们又遇到了这样的人，于是一拍即合，互相抱团取暖，乐在其中。但这并不是因为我们认知的准确，而只是因为双方很相似。这会强化我们这种不自知的投射心理，认为自己这样推己及人是正确的认知方式，今后会更坚定地运用这种方式去认知自己、认知他人、认知世界。即使我们恰巧遇到的是一个与我们截然不同，享受孤独的人，他辜负了我们对他的期待，我们也会倾向于解释，他只是用享受孤独来隐藏他渴望陪伴的那一面，而拒绝承认这种推己及人认知的错误性。

现实生活中，我们没有经历过别人的经历，没有体会过别人的体会，很难真正地深入了解别人，简单地推己及人，推测他人的想法、感受和行为，是不准确的。只有避免投射现象，勇敢地走出自己的内在世界，走进别人，走进客观世界，才能看到最真实的自己、最真实的他人、最真实的世界。

（杨洁）

## 如何快速走出失恋？
## 不论有没有恋人都可以看看

　　过去一段时间，一直在和往事较劲，那是一段没有结果的感情。心里有一个名字，不敢轻易提起，脑海里有一段故事，深深刻进记忆。

　　似乎看到的许多东西都与她相关，听到她唱过的歌曲、说过的某一句话，看到她喜欢喝的酸奶、喜欢穿的服装品牌……不自觉都会想起她。

　　思念如马，自别离，未停蹄，随之而来的是忧伤逆流成河。

　　比起一段感情的结束，更痛心的是所爱之人对自己的否认。

　　痛哭过后，剩下的只能交给时间这剂最好的良药。

　　时间会带走痛感，但也同样会留下疤痕。我利用仅存的一点理智，为自己开出了一剂"解药"，帮助自己逐渐断舍离，放下执念，跟往事干杯……

　　直到前几天和同学小聚，讲起了各自的往事，分享了自己的心结。我才突然意识到，自己已经不难过了。我像说着别人的故事一样，笑着说起自己的过往，时而调侃，时而自黑。

　　自制"解药"，用时间慢慢服下，让挥之不去的，慢慢过去了，让难以启齿的，一笑而过了。

　　其实，你无法放下一段感情，是因为你的心还没有从对方那里收回。

人的记忆，不像电脑文件，不想要了就可以一键清除，它始终存在，像清晨聚拢的雾气，像傍晚散落的晚霞，在我们的生活里、记忆里，留下印记。

我们能做的只能是减少"毒素"对身体的伤害，尽快服下"解药"，消除负面影响，恢复元气。

### 一 努力工作，提升自己

网上很流行一句话：人的一生无论可以重来多少次，都会有遗憾；可以回头看，但不能往回走，因为逆行，是全责。

感情结束，你若死缠烂打去挽回，除了更重地打击你的自尊自信以外，对你没有其他作用。

你失去的不会因为你站在原地就会再一次回到你手里，你往前走，让自己变得更优秀，才会赢得本该拥有的。

将心思更多地投入工作学习之中，使自己的思想"忙"起来，化悲痛为力量，努力做最好的自己。

工作中，变被动为主动，积极做好工作统筹规划，用心做好每一件小事，享受每干好一件事情后的成就感、小确幸，给自己的心灵一个交代。

工作之余，潜心去学习，可以参加一些兴趣班、读书群，通过学习为自己充电，假以时日，生活终将发生天翻地覆的改变，成就更优秀的自己。

### 二 用心生活，善待自己

时间带不走的，要用新生活去翻越。而新生活要慢慢来，给自己一个时间节点，一般在三个月左右，用心过好每一天，让自己活得阳光灿烂。

平时交往中，多找家人和朋友聊聊天，和伙伴们一起出去玩，多结交值得结交的朋友，尽量少一个人待着。

虽说新的感情是一剂良药，但是不建议马上投入一段新的恋情，因为此时情绪还不平稳，心态也没调整好，对自己、对别人都是一种不负责任的做法。

日常生活里，照顾好自己，精心安排自己的生活，多做做家务，整洁的环境可以对人的心情产生积极影响。

为自己做一次平时最喜欢吃的美味，逛一逛自己最喜欢去的公园，买一件自己看得上的衣服，让平淡的生活中充满温馨，多让自己的嘴角上扬，品味生活的美好。

### 三　放空心灵，还原自己

老子有云："万物之始，大道至简，衍化至繁。"我们每个人从出生到死亡是一个从单纯变复杂的过程。出生时像一张白纸一样，随着生活阅历的丰富而变得五彩斑斓。

但是生活给我们带来的不仅仅是美好，有一些事情渐渐形成了所谓的执念，困扰着我们的前行。

面对感情上一时的困扰，更需要有意识地去放空自己的心灵，才能轻装上阵，回归生活美好的本真。

读一部经典、抄一首诗词，让心灵驰骋中外、神游古今，感受苏东坡"回首向来萧瑟处，归去，也无风雨也无晴"的豪迈。

跑一次马拉松，亲近大自然，清除痛苦的记忆，将压力归零，感受"呼吸吐纳尽自在"的畅快。

听一段音乐，看落日长河，听渔舟唱晚，感受"落霞与孤鹜齐飞，秋水共长天一色"的那份静谧。

品一杯清茶，赏一轮明月，将喧闹归零，感受弘一法师参禅悟道的安宁。

时间是最好的过滤器，岁月是最真的分辨仪。

这个世界上最好的放生，就是放过自己，别和往事过不去，因为它已经过去，别和现实过不去，因为你还要过下去。

你要相信，还会有人千山万水赶来爱你，未来还会有无数不期而遇的惊喜。

漫漫时光，你别着急，该放下的，及时放下，放不下的，就与时间慢慢和解。但愿心存执念的你，能够及时放下、回归安宁，可以随时笑着说一句：生活，我依然爱你！

（马永强）

## "黄金法则"让人际关系更和谐

人际关系是人与人在沟通与交往中建立起来的直接的心理上的联系。没有人际交往就没有人际关系。作为一个社会人，我们在生活中必然面临着与他人的交往。在人的所有生活经历中，最耐人寻味、最丰富多彩的经验，都是和人际关系相联系的。如果我们所处的人际关系是彼此接纳、互相信任和支持的，我们就会感到愉快和幸福；如果我们所处的人际关系是彼此防御、缺乏信任、淡漠拒斥的，我们就会感到非常痛苦和难受。

和谐的人际关系不是凭空出现的，需要我们用心去创造和维护。坚持人际交往的"黄金法则"能让我们与他人的相处更和谐，至少让我们自己的内心更和谐。

所谓的"黄金法则"是"像你希望别人对待你那样去对待他"。即你希望别人怎么对待自己，自己就怎么对待别人。当我们遇到困难或挫折时，很渴望有人能伸出援手帮我们渡过难关，于是，当我们身边的同事朋友遇到困难或挫折时，我们果断出手相助。这就是对"黄金法则"的遵循。

但是生活中，我们却经常发生"反黄金法则"的情况。"反黄金法则"是"你希望别人像你待他那样待你"。即你怎么对待别人，也希望别人怎么对待你。当我们身边的同事、朋友遇到困难或挫折时，我们曾果断出手相助过。有一天当自己遇到困难或挫折时，就会很渴望有人能伸出援手，尤其是对那些我们曾经出手相助过的人满怀期待。如果此时，我们曾经帮助过的人也不惜一切倾力相助，我们会感受到来自友情的力量和温暖；如果此时，期待落空，无人相助，甚至连昔日被我们帮助过的人也没有伸出援手的话，我们会作何反应呢？有人可能会愤怒，愤怒对方的忘恩负义；有人可能会失望，失望人情的淡薄冷暖；也有人会悔恨，悔恨自己交友不慎。这都基于"反黄金法则"的认知观：我帮助过他，所以他必须帮助我。

我们冷静下来思考，其实这种认知逻辑是不正确的。他之所以不能如我们所期待的那样帮助我们，可能与他的性格、处世风格有关，也可能因为有难以诉说的苦衷。没有人有义务必须帮助我们，如果帮助了，我们应该感恩、感谢；如果没有帮助，也是情有可原。当我们思考问题的立场改变了，当我们内心的期待降低了，我们的愤怒、失望、悔恨也会随之消失。这时，我们再秉承"黄金法则"，像我们希望别人对待我们那样去对待他，至于他会不会回报我们，那是他的事情，我们不再强求。这样，我们在收获内心安宁的同时，也收获了人际关系的和谐。

（杨洁）

# 社交"断""舍""离"：
# 不必把太多人请进生命里

作为一种高智商的群居动物，朋友是人类社会永恒的话题。没有人能离开朋友，我们每个人都需要结交更多更好的朋友，不断扩充自己的交际圈，为生活和事业提供帮助。但是，当你拿出太多的精力来经营人际关系时，你会发现自己好像患上了劳而无功的"社交过度综合征"：每天 3 个小时甚至更多的时间都在进行各种互动行为，比如，参加聚会、微信聊天、刷新朋友圈等；只要有空闲时间，就会不由自主地掏出手机，看看有什么新消息，或者更新自己的状态；如果没人可以说话或聊天，几个小时甚至几分钟后就会感觉不舒服……

社交过度的直接后果就是自己可支配的时间被浪费，而这些宝贵的时间原本可以用来思考、读书、健身、培养兴趣、提升自我、休息放松等。为了让自己从过度的社交状态中摆脱出来，你应该制定新的社交策略，找回失去的时间，专注于对自己真正重要的事情，也就是社交"断舍离"。

### 第一步：为通讯录做"减法"，控制在 150 人以内

请合并那些姓名相同却有多个号码的人，删掉那些你已经半年没有联系过，并且已经记不起他是谁的人，剔除那些你认为双方没有共同话题并且互相讨厌的人。同时，要设置"备注"的选项，对

于一些不太熟悉的名字，简要记录他们的身份、背景以及你们之间的关系。

### 第二步：区分"工作关系"和"生活中的朋友"

尽量不要让同事进入私人生活，也不要将好朋友变成事业伙伴，因为同时兼顾友情和工作并不容易。而当两者杂糅在一起时，提前"约法三章"是非常有必要的。比如，工作中各自对自己的部分负责，不要把私人关系搅和进去；在生活中尽量避免谈论工作，工作的内容应在办公室内解决，等等。

### 第三步：列出可以随时联系的人

节假日不发祝福短信，平日里也不打电话嘘寒问暖，但在你遇到麻烦时却能半夜打通电话的人，才是最值得珍惜的朋友，也是生命中不可或缺的一部分。即使不足 5 人，也请把 80% 的精力给这些真正重要的人，闲时品茶论交，忙时浅语问候。

### 第四步：规划你的社交时间

我们需要的不是认识多少人，而是多少人看中你。不要在社交互动中流连虚度，多腾出一些有价值的独处时间，读一本好书、学一门精品课或者掌握一项技能。当你通过努力成为优秀的人，自然会有同样优秀的人愿意与你为伴。

### 第五步：想一想，你的电话有多久没关机了

事实上，对人们来说，你根本没那么重要，地球离了你也照样会转。如果你发现自己有轻度的"手机焦虑症"，从现在开始就要有意识地控制自己，戒掉手机瘾，暂离世界的浮躁和喧哗，进行深度思考和感悟生活。

**第六步：减少社会曝光，保持适度神秘感**

在公众场合和互联网络中尽量少地或者不要透露自己的信息，尽量不要成群结队地出行，光芒乍现、特立独行才有更强的吸引力。当你为自己成功地营造出一种神秘感时，别人会自发地被你吸引，从而主动地向你靠近。

总而言之，社交"断舍离"的核心点是别把有限的时间浪费在对无谓的人所发生的无谓的事情上，即：断绝不必要的联系，舍弃多余的应酬，脱离对人际关系的执念。

生命无需过多的陪衬，需要的仅是一种陪伴。在懂你的人群中散步，跟让自己舒服的人在一起。亲人也好，朋友也罢，累了就躲远一点，取悦别人远不如愉悦自己。不管做什么，都要给自己留点空间，以便从容转身。生活不能太满，人生不能太挤，生命无法承载太多人的搅扰，所以，不必把太多人请进生命里！

（谢丽平）